Gestão estratégica do saneamento

série
SUSTENTABILIDADE

Arlindo Philippi Jr.
COORDENADOR

Gestão estratégica do saneamento

Ary Haro dos Anjos Jr.
Professor adjunto na Universidade Federal do Paraná

Copyright © Editora Manole Ltda., 2011, por meio de contrato com o autor.

Este livro contempla as regras do Acordo Ortográfico da Língua Portuguesa de 1990, que entrou em vigor no Brasil.

Projeto gráfico e capa: Nelson Mielnik e Sylvia Mielnik
Editoração eletrônica: Acqua Estúdio Gráfico
Ilustrações: daniellmai Estúdio

Dados Internacionais de Catalogação na Publicação (CIP)
(Câmara Brasileira do Livro, SP, Brasil)

Haro dos Anjos Jr., Ary
    Gestão estratégica do saneamento / Ary Haro dos Anjos Jr. Barueri, SP: Manole, 2011. – (Série sustentabilidade/ coordenador Arlindo Philippi Jr.)

    Bibliografia.
    ISBN 978-85-204-3132-0

    1. Administração de projetos 2. Gestão ambiental 3. Planejamento estratégico 4. Saneamento 5. Saneamento – Brasil I. Philippi Jr., Arlindo. II. Título. III. Série.

10-09386   CDD-628

Índices para catálogo sistemático:
1. Sistemas de saneamento : Gestão estratégica   628

Todos os direitos reservados.
Nenhuma parte deste livro poderá ser reproduzida, por qualquer processo, sem a permissão expressa dos editores.
É proibida a reprodução por xerox.

A Editora Manole é filiada à ABDR – Associação Brasileira de Direitos Reprográficos

1ª edição – 2011

Direitos adquiridos pela:
Editora Manole Ltda.
Av. Ceci, 672 – Tamboré
06460-120 – Barueri – SP – Brasil
Fone: (11) 4196-6000 – Fax: (11) 4196-6021
www.manole.com.br
info@manole.com.br

Impresso no Brasil
Printed in Brazil

Sumário

SOBRE O AUTOR | IX
PREFÁCIO | XI
INTRODUÇÃO | XV

CAPÍTULO 1 | **Conceitos básicos** | 1

1 Introdução | 5 Conceitos básicos e dúvidas comuns | 11 Exercícios

CAPÍTULO 2 | **Gestão econômica e financeira de projetos** | 13

13 Introdução | 13 Objetivos e estratégias | 15 Saneamento no Brasil: conjuntura e desafios | 16 Análises de viabilidade de projetos | 21 Medidas de viabilidade de projetos | 22 Critérios de viabilidade | 24 Gestão de fluxo de caixa | 25 Gestão financeira: fontes de recursos | 30 Exercícios

CAPÍTULO 3 | **Gestão da demanda** | 33

33 Introdução | 34 Objetivos e estratégias de gestão da demanda | 35 Demanda e capacidade instalada | 38 Curvas de demanda | 41 Elasticidade-preço: o perfil do cliente | 45 Gestão da demanda de curto prazo: estratégias | 50 Gestão da demanda de longo prazo: estratégias | 56 Exercícios

CAPÍTULO 4 | **Gestão de custos de sistemas de saneamento** | 59

59 Introdução | 60 Objetivos e estratégias da gestão de custos | 61 Custos fixos, variáveis, médios e marginais | 63 Custos de capacidade ociosa | 64 Custos de deficiência e de ineficiência técnica de sistemas | 66 Cadeias de formação de custos | 72 Custos ambientais e externalidades | 73 Custo incremental médio de longo prazo | 76 Exercícios

CAPÍTULO 5 | **Gestão de investimentos em capacidade instalada** | 77

77 Introdução | 77 Objetivos e estratégias | 79 Economias de escala | 81 Otimização da capacidade instalada | 87 Exercícios

CAPÍTULO 6 | **Gestão da política tarifária** | 89

89 Introdução | 90 Objetivos de uma política tarifária | 91 Monopólio natural e tarifas | 92 Tarifação pelo custo médio | 93 Tarifação pelo custo marginal | 95 Tarifação pelo custo incremental médio de longo prazo | 96 Estratégias de gestão tarifária | 102 Estruturas tarifárias e política tarifária | 108 Tarifas horárias e sazonais | 118 Exercícios

CAPÍTULO 7 | **Gestão social dos serviços de saneamento** | 121

121 Introdução | 121 Objetivos da gestão social dos serviços de saneamento | 122 Estratégias de gestão social dos serviços de saneamento | 125 Resultados da gestão social dos serviços de saneamento | 130 Exercícios

CAPÍTULO 8 | **Gestão do conhecimento e dos recursos humanos** | 131

131 Introdução | 132 Objetivos da gestão do conhecimento | 132 Estratégias da gestão do conhecimento | 135 Exercícios

CAPÍTULO 9 | **Gestão ambiental dos serviços de saneamento** | 137

137 Introdução | 137 Objetivos da gestão ambiental dos serviços de saneamento | 138 Estratégias da gestão ambiental dos serviços de saneamento | 140 Exercícios

CAPÍTULO 10 | **Políticas de gestão e planejamento estratégico** | 143

143 Introdução | **144** Políticas de gestão | **146** Planejamento estratégico | **146** Estabelecimento dos objetivos e das estratégias | **149** Definição da missão e da visão | **150** Indicadores de resutados estratégicos e aprendizado organizacional | **152** Exercícios

CAPÍTULO 11 | **Gestão e regulação dos serviços** | 155

155 Introdução | **155** Conceito e objetivos da regulação | **158** Serviços regulados e entidades reguladoras: desafios de gestão | **162** Gestão pública ou privada no saneamento | **165** Questões comuns na discussão sobre a participação privada no saneamento | **168** Exercícios

CAPÍTULO 12 | **Apêndice: conceitos e aplicações de matemática financeira** | 169

169 Conceito de valor no tempo: presente, passado e futuro | **172** Cálculo do valor presente de uma série de pagamentos | **177** Cálculo do valor futuro de uma série de pagamentos | **179** Perpetuidades

REFERÊNCIAS | **181**

ÍNDICE REMISSIVO | **185**

Sobre o autor

Ary Haro dos Anjos Jr. é mestre em Administração pelo Baldwin-Wallace College (Ohio, Estados Unidos) e engenheiro civil pela Universidade Federal do Paraná (UFPR). Atualmente, é professor adjunto na UFPR e coordena projetos de inovação e desenvolvimento tecnológico na Companhia de Saneamento do Paraná (Sanepar), da qual foi superintendente. Além disso, é professor nos cursos de pós-graduação em Gestão Empresarial da Fundação Getúlio Vargas (FGV). Atuou em diversos países como instrutor e/ou consultor do Banco Mundial, da Organização Mundial da Saúde (OMS) e da Organização das Nações Unidas (ONU). É autor de trabalhos publicados sobre gestão estratégica de sistemas de saneamento, políticas tarifárias e otimização de investimentos em saúde, saneamento e meio ambiente.

Prefácio

Tenho duplo sentimento ao prefaciar este livro: uma grande alegria e uma grande responsabilidade. Alegria pelo prazer de ser convidado e porque esta importante obra, cujo tema é tão carente nas publicações brasileiras, foi escrita por um ex-aluno meu. Responsabilidade porque quem prefacia dá o aval de que a obra apresenta equilíbrio entre conteúdo, formato e veracidade no que é descrito. Nisso o autor foi feliz, ao escrever com profundidade sobre gestão do saneamento, uma área tão esquecida pelos nossos governantes, como se não fosse vital para a saúde humana.

As decisões na área do saneamento afetam a saúde pública, o planejamento urbano, o meio ambiente e a realidade social, tanto no curto como no longo prazo. Os gestores do saneamento necessitam entender a multidisciplinaridade da sua missão, das suas tarefas e dos seus resultados. O presente livro propõe que a gestão estratégica de um sistema de saneamento deve contemplar os seus resultados econômicos e financeiros e que os seus benefícios sejam compartilhados por toda a sociedade.

Estima-se que a necessidade de investimentos para universalizar os serviços de saneamento no Brasil, até 2020, seja superior a R$ 240 bilhões. Infelizmente, estaremos longe de atingir tal meta, considerando-se que a média histórica de investimentos tem ficado abaixo de R$ 4 bilhões por ano. Entretanto, mais que a falta de recursos financeiros, a incapacidade de aplicação dos recursos disponíveis parece ser o principal problema. Dos recursos contratados ou empenhados, não se chega efetivamente a realizar mais que a terça parte. Por isso, há muitas obras incompletas, paralisadas ou mal dimensionadas transformadas em desperdícios. Este livro contribui para que os recursos aplicados em sistemas de saneamento possam ser gerenciados estrategicamente e com máxima eficácia.

Ary Haro está entre aqueles (poucos) profissionais com profundos conhecimentos em sistemas de saneamento, em toda a sua amplitude, seja pela sua formação como engenheiro civil e mestre em Administração, seja pela longa experiência em projetos de inovação e desenvolvimento tecnológico na Companhia de Saneamento do Paraná (Sanepar), onde já foi superintendente, bem como em diversos países como instrutor e consultor do Banco Mundial, da Organização da Nações Unidas (ONU) e da Organização Mundial da Saúde (OMS), seja como professor na Universidade Federal do Paraná (UFPR). Com tanta autoridade vivenciada em saneamento, ele teve o cuidado e o compromisso de criar uma obra inédita, importante e sobre assunto de tanta carência no Brasil.

A relevância desta obra está na abrangência e na profundidade dos temas abordados. Ela começa com a gestão econômica e financeira de projetos ligados ao saneamento, analisando e medindo a viabilidade desses projetos. Aborda os aspectos da gestão da demanda e da sensibilidade a preço, sem esquecer das estratégias de gestão da demanda de curto e de longo prazos. Outro ponto importante é o da gestão de custos de sistemas de saneamento, incluindo os custos ambientais e as externalidades. O autor dedicou um capítulo à gestão da política tarifária, a qual deve considerar a universalização do acesso, a eficiência, a modicidade e a equidade.

O autor não esqueceu de abordar a gestão social dos serviços de saneamento, incluindo os seus objetivos, as suas estratégias e os seus resultados. Dedicou, igualmente, um capítulo à gestão do conhecimento e dos recursos humanos, tema em que o Brasil está ainda muito atrasado, apesar dos avanços dos últimos anos. Afinal, isso tem a ver com a educação, área em que nosso país tem uma dívida enorme com a sua população, pois investimos muito pouco e muito mal. Para ser uma obra completa, o autor dedicou também um capítulo à gestão ambiental, com objetivos e estratégias; outro, às políticas de gestão e planejamento estratégico, e um último capítulo, à gestão e regulação dos serviços ligados ao saneamento.

Por fim, tenho a registrar que Ary Haro conseguiu escrever uma obra marcante e vital para que os gestores dos sistemas de saneamento das nossas cidades alcancem maior eficácia nos seus resultados.

Judas Tadeu Grassi Mendes, Ph.D.
Fundador e diretor presidente da Estação Business School – Curitiba

Introdução

Os gestores do setor de saneamento tomam decisões que afetam, simultaneamente, a saúde pública, o planejamento urbano, o meio ambiente e a realidade social. Além disso, as suas decisões provocam impactos tanto em um horizonte de longo prazo, da ordem de décadas, como em um de curtíssimo prazo, da ordem de 24 horas ou menos.

Assim, a gestão do saneamento é vulnerável a todas as incertezas de longo prazo, particularmente as políticas, as sociais e até as climáticas. E, em curto prazo, ela é vulnerável às exigências imediatas e aos imprevistos a que está sujeito um serviço essencial operado em regime de 24 horas, todos os dias do ano.

A gestão do saneamento também é vulnerável à própria complexidade dos assuntos com os quais tem que lidar. A interpretação do significado das informações submetidas à análise da alta administração das organizações, por exemplo, é assunto que provoca frequentes controvérsias gerenciais, sendo causa comum dos erros estratégicos cometidos pelos seus gestores.

Os gestores do setor necessitam compreender, antes de tudo, a multidisciplinaridade da sua missão, das suas tarefas e dos seus resultados. E precisam de ferramentas adequadas para definir a sua missão, para executar as suas tarefas e para medir os resultados das suas decisões.

Diante dessas necessidades, este livro proporciona aos gestores do setor de saneamento uma abordagem didática da gestão estratégica aplicada ao seu setor; discute conceitos teóricos em termos multidisciplinares e também interdisciplinares; apresenta exemplos; oferece ferramentas; e explica as políticas e as estratégias como escolhas que devem ser construídas sobre uma base conceitual consistente, na busca de objetivos definidos. Além disso, realça as conexões, nem sempre evidentes, que existem entre os conceitos teóricos apresentados e as situações práticas vividas no dia a dia do gestor executivo, responsável por decisões estratégicas.

Por fim, este livro propõe que a gestão estratégica de um sistema de saneamento deve contemplar o objetivo de maximizar os seus resultados econômicos e financeiros em benefício da sociedade em geral, dos seus clientes, em particular, e também da própria empresa gestora do sistema.

O livro está dividido em onze capítulos, além de um apêndice.

Capítulo 1: apresenta alguns conceitos básicos fundamentais para o entendimento da obra. Sugere-se ao leitor que inicie o estudo do livro a partir deste capítulo, de maneira a se familiarizar com o vocabulário e os conceitos que serão empregados nas seções seguintes.

Capítulo 2: discute as gestões econômica e financeira de projetos de saneamento, destacando as similaridades e as diferenças entre os valores econômicos e os financeiros envolvidos na gestão de um projeto. A conjuntura e os desafios colocados ao setor do saneamento são considerados diante dos Objetivos do Desenvolvimento do Milênio (ODM) das Nações Unidas. Técnicas de análises de viabilidade de projetos são apresentadas, além da gestão do fluxo de caixa e das diferentes fontes de recursos financeiros, com abordagem de temas como tarifas, aportes de capital, mercado mobiliário, mercado financeiro e orçamento público.

Capítulo 3: analisa a gestão da demanda dos serviços de saneamento. Discute estratégias de curto e de longo prazos, tendo em vista as limitações da capacidade instalada e os diferentes padrões de consumo dos diversos tipos de clientes atendidos. As variações horárias e sazonais da demanda são analisadas quanto ao seu impacto econômico na gestão dos sistemas. Apresenta, também, os conceitos de curvas de demanda e de elasticidade-preço.

Capítulo 4: discute a gestão de custos, contemplando o objetivo estratégico de identificar e atuar sobre as conexões de causa e efeito que existem entre as decisões gerenciais e os diversos tipos de custos que ocorrem no âmbito do setor do saneamento. São os custos denominados gerenciais, ou gerenciáveis. Dada a sua relevância, serão destacados os custos fixos e os variáveis; os custos de deficiência e de ineficiência; os custos de capacidade ociosa; os custos horários e sazonais; e os custos ambientais. A cadeia de formação de custos no saneamento é analisada e o custo incremental médio de longo prazo (CIMLP) será proposto como complemento necessário ao conceito dos demais custos gerenciais e como expressão da eficiência de um projeto.

Capítulo 5: examina a gestão de investimentos em capacidade instalada nos sistemas de saneamento. Alguns critérios são propostos para orientar as decisões de engenharia referentes às aplicações de recursos nesses sistemas, visando maximizar os resultados mediante a redução dos custos imobilizados em ativos fixos. Um modelo matemático de otimização de investimentos em capacidade instalada é apresentado, baseado em conceitos de economias de escalas e de funções de custos.

Capítulo 6: é dedicado à gestão da política tarifária. Os objetivos estratégicos de uma política tarifária são contemplados, tais como os da universalização do acesso aos serviços de saneamento e os da viabilidade econômica e financeira dos projetos, entre outros. O setor do saneamento é aqui tratado como um monopólio natural em relação à maior parte dos seus clientes, mas não em relação a todos. Estratégias de gestão tarifária são apresentadas, inclusive as de discriminação tarifária segundo padrões de consumo e/ou de renda. A estrutura tarifária é apresentada como a expressão da curva de oferta de uma empresa de saneamento e como um instrumento indutor de eficiência econômica. Tarifas sazonais, horárias e horossazonais no saneamento são objetos de discussão e de um modelo de cálculo, o qual é proposto no final do capítulo.

Capítulo 7: aborda a gestão social dos serviços de saneamento. Seu foco está na identificação de estratégias que sejam capazes de conciliar o objetivo geral da universalização do acesso da sociedade como um todo aos benefícios da água potável e do esgoto tratado, com os objetivos de viabilidade econômica e financeira dos próprios serviços de saneamento. São estratégias de gestão social que buscam conciliar eficiência e equidade. Este capítulo também propõe um método de análise para medir os resultados da gestão social dos serviços de saneamento, empregando os conceitos consagrados da curva de Lorenz e do coeficiente Gini como medidas de desigualdades sociais.

Capítulo 8: propõe estratégias adequadas à gestão do conhecimento e dos recursos humanos no âmbito de uma organização dedicada ao saneamento. O conhecimento é reconhecido, nessas estratégias, como um recurso econômico vinculado indissociavelmente às pessoas que compõem a organização. Valores e padrões culturais favoráveis à gestão do conhecimento são abordados e discutidos.

Capítulo 9: é dedicado à gestão ambiental dos serviços de saneamento. Os requisitos das normas ISO 14.001 serão apresentados — particularmente aqueles mais aproveitáveis ao contexto das empresas de saneamento, considerando-se que tais normas são genéricas para a implantação e a operacionalização de sistemas de gestão ambiental, e que constituem padrões mundiais de referência para qualquer tipo de organização.

Capítulo 10: discute as políticas de gestão e o planejamento estratégico. Este capítulo complementa os anteriores ao relacionar as estratégias de gestão, previamente discutidas, com as políticas que as respaldam e com o planejamento que as define. A missão e a visão de uma organização são explicadas como sínteses de conceitos estratégicos. A *SWOT Analysis* e as normas ISO 24.500 são propostas como ferramentas gerenciais, úteis na definição de objetivos e estratégias. Técnicas de medição dos resultados são apresentadas e os desvios entre os resultados realizados e os esperados são explicados como oportunidades de correção estratégica e de aprendizado organizacional.

Capítulo 11: aborda o tema gestão e regulação dos serviços de saneamento. O conceito e os objetivos da regulação são discutidos, particularmente os desafios associados à gestão dos serviços regulados e ao próprio exercício do papel regulador. A gestão privada dos serviços de saneamento é analisada no contexto de um ambiente regulado, reconhecendo-se que a água constitui um bem público e, ao mesmo tempo, um recurso econômico escasso, dotado de valor.

Ao final do trabalho, um apêndice apresenta conceitos e aplicações de matemática financeira. O caráter multidisciplinar da obra justifica a inclusão desse apêndice, o qual é dedicado aos gestores não especializados na área financeira. Note-se que o desafio maior em relação à aplicação das ferramentas matemáticas aqui apresentadas não é, absolutamente, o de realizar os cálculos correspondentes, facilitados pelas calculadoras financeiras e/ou pelas planilhas eletrônicas. O desafio maior está na interpretação adequada dos resultados desses cálculos. Para facilitar a tarefa da interpretação é que se inclui este apêndice em uma obra sobre gestão estratégica do saneamento. Cabe lembrar, por oportuno, que a matemática financeira oferece ferramentas simples, mas insubstituíveis, em todos os processos de tomada de decisão que envolvam valores de qualquer natureza e riscos de qualquer espécie.

Este trabalho foi elaborado assumindo-se que é responsabilidade intransferível do gestor a interpretação adequada dos custos sujeitos às suas decisões e que, além disso, de alguma forma, todos os custos de uma empresa são reflexos de decisões gerenciais, mesmo que, na prática, nem sempre sejam claramente evidentes as relações de causa e efeito entre uma decisão e os custos que ela gera. Neste livro, a interpretação do significado de cada tipo de custo é enfatizada e as decisões que dão origem a tais custos são devidamente discutidas.

O livro oferece exercícios didáticos no final de cada capítulo, visando facilitar o estudo e a fixação dos conteúdos apresentados. Alguns desses exercícios exigem respostas descritivas e/ou explicativas e/ou interpretativas. Outros são projeções quantitativas de demandas, de custos e de tarifas, de curto, médio e longo prazos. Outros, ainda, são cálculos de estudos de viabilidade financeira e econômica e/ou de simulações de resultados de projetos alternativos de investimentos em sistemas de saneamento.

Além disso, no site www.manole.com.br/seriesustentabilidade é possível acessar conteúdo complementar ao livro.

Conceitos básicos

INTRODUÇÃO

Para facilitar a compreensão dos conceitos desenvolvidos ao longo deste livro, optou-se por apresentar os conceitos básicos referentes aos principais termos aqui utilizados. Note-se que o material foi organizado em sequência lógica, e não alfabética, para facilitar ainda mais o entendimento. Além disso, outros conceitos básicos decorrentes dos primeiros são apresentados na sequência, na forma de perguntas e respostas.

Vale dizer que os temas tratados neste livro foram organizados a partir de notas de aula, e tentam responder às perguntas típicas e mais comuns encontradas pelo autor em cursos ministrados para executivos de nível gerencial e de direção, no Brasil e no exterior. Pretende-se, assim, abordar de uma forma direta as dúvidas mais comuns com que se defrontam os gestores executivos no seu dia a dia.

Sugere-se ao leitor que inicie o estudo deste livro pelo presente capítulo, de maneira a se familiarizar com o vocabulário e os conceitos empregados nos capítulos seguintes.

Valor

De uma forma muito ampla, valor significa a qualidade de um objeto que o torna capaz de satisfazer uma necessidade humana e de gerar bem-estar. Nesse sentido, valor e qualidade são sinônimos. O objeto portador de valor, por sua vez, pode ser um bem material, um serviço ou até mesmo um comportamento ou uma atitude, individual ou grupal.

O valor associado a um objeto constitui uma relação entre este objeto e uma necessidade humana, que ele é capaz de satisfazer. Funciona como se fosse uma ponte estendida entre tal objeto e tal necessidade (Figura 1.1).

Figura 1.1: Valor como ponte entre uma necessidade e uma satisfação.

Valor é um conceito composto. Ele pode ser experimentado de uma forma objetiva e até quantitativa (por meio do objeto ao qual se associa). Mas, ao mesmo tempo, o valor também pode ser experimentado de forma subjetiva (por meio da necessidade humana que ele é capaz de preencher).

Os valores podem ser medidos segundo uma escala numérica, já que têm uma dimensão objetiva, quantitativa. Nesse sentido, há valores maiores, menores ou equivalentes entre si. Eles também podem ser comparados afetivamente, já que têm uma dimensão subjetiva. Nesse sentido, há valores positivos, neutros e negativos. Isso porque as necessidades humanas definem preferências e aversões, que são variáveis em diversos graus de intensidade, conforme as circunstâncias.

O valor de um copo de água potável, por exemplo, será imenso, quase ilimitado, quando oferecido a um viajante perdido em um deserto há vários dias. O valor do mesmo copo de água poderá se tornar simplesmente insignificante se for oferecido ao mesmo viajante, no mesmo deserto, um pouco mais tarde, ou mesmo depois do seu retorno, vivo, à segurança e ao conforto da cidade.

A teoria do valor, ou *axiologia*, unifica os estudos das questões éticas, estéticas, lógicas e econômicas. Ela foi sistematizada inicialmente pelo filósofo alemão Karl Robert Eduard von Hartmann, que propôs o termo "axiologia" em seu trabalho pioneiro de 1908[1].

Recursos econômicos ou fatores de produção ou recursos reais

São elementos produtivos que, combinados entre si, são capazes de gerar bens e serviços. Existem três tipos de recursos econômicos (ou fatores de produção ou recursos reais) classicamente reconhecidos em uma sociedade: *terra* – significando um espaço geográfico e os elementos naturais (ou ambientais) que o compõem; *trabalho* – significando a capacidade de produção da mão de obra, aí incluída a produção intelectual; e *capital* – significando máquinas, ferramentas, equipamentos e infraestrutura em geral. Note-se que dinheiro *não* significa capital, em termos econômicos, e *não* constitui um recurso econômico.

Bens ou serviços

Produtos gerados pela combinação dos recursos econômicos.

Benefício

Valor de um determinado recurso, bem ou serviço. Sinônimo de *utilidade* no âmbito dos estudos econômicos. Bem-estar associado ao consumo deste recurso, bem ou serviço.

---
1. *Grundriss der Axiologie* (Esboço da Axiologia).

Custo

Valor dos recursos utilizados na composição de um determinado bem ou serviço. Renúncia a (ou perda de) um bem-estar humano, devido ao consumo dos recursos usados no processo de composição de um bem ou serviço.

Recursos financeiros

Montantes, em dinheiro ou créditos, pertencentes a uma pessoa física ou jurídica, aceitos, por uma convenção no âmbito de uma sociedade, como *valor de troca* por recursos econômicos, bens ou serviços. Notar que o valor dos recursos financeiros depende de sua aceitação social. Moedas que saíram de circulação, por exemplo, não constituem recursos financeiros, porque perderam a sua aceitação e, portanto, o seu valor de troca.

Preço

Montante, em dinheiro ou crédito, que corresponde ao valor de troca de um determinado recurso econômico, bem ou serviço, definido livremente em um mercado competitivo, ou por imposição governamental em um mercado controlado.

Projeto

Termo genérico, utilizado neste livro com o significado de qualquer atividade executada com o fim de criar valor.

Viabilidade

Capacidade de *criar valor*. Propriedade de um determinado projeto gerar benefícios superiores ou, no mínimo, equivalentes aos custos incorridos na sua execução.

Qualidade

Sinônimo de *valor* (consultar *valor*).

CONCEITOS BÁSICOS E DÚVIDAS COMUNS

Alguns conceitos básicos, cujo entendimento é imprescindível ao exercício responsável da gestão empresarial, são apresentados em seguida, na forma de perguntas e respostas.

Custo econômico e custo financeiro de um objeto são a mesma coisa?

Absolutamente não. O *custo econômico* significa o valor dos recursos econômicos (terra e/ou capital e/ou trabalho) empregados na composição de um bem ou serviço. Trata-se de um *custo social*, associado ao uso de recursos reais. O custo econômico, por isso, também é chamado de *custo social*; não confundi-lo com o conceito de *custo de encargos sociais*, imposto às empresas pelas leis trabalhistas.

Já o *custo financeiro* significa o valor dos recursos financeiros (dinheiro ou créditos) empregados na composição de bem ou serviço. Trata-se de um custo privado, associado ao uso dos recursos monetários pertencentes a um indivíduo ou empresa. O custo financeiro, por isso, também é chamado de *custo privado*; não confundi-lo com *custo de encargos financeiros*, como juros ou taxas bancárias.

Cabe observar ainda que o valor numérico do custo econômico de um objeto qualquer não coincide, necessariamente, com o valor numérico do custo financeiro desse mesmo objeto, conforme se verá, em detalhes, mais adiante.

Benefício econômico e benefício financeiro de um objeto são a mesma coisa?

Absolutamente não. O *benefício econômico* corresponde ao valor do bem-estar associado à utilização de um bem ou serviço. Significa o valor de utilidade desse bem ou serviço. Por isso mesmo é sinônimo de *utilidade* em estudos econômicos e afeta a sociedade como um todo.

Já o *benefício financeiro* significa o valor dos recursos financeiros empregados na aquisição (ou venda) de bem ou serviço. É sinônimo de *preço*. E afeta um indivíduo ou empresa em particular.

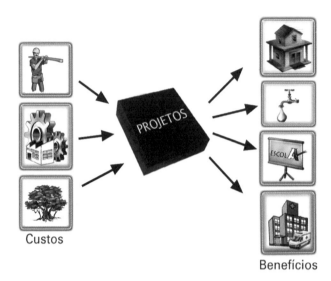

Figura 1.2: Custos e benefícios econômicos de projetos.

Cabe observar ainda que o valor numérico do benefício econômico de um objeto qualquer não coincide, necessariamente, com o valor numérico do benefício financeiro desse mesmo objeto, conforme se verá, em detalhes, mais adiante.

Um exemplo para esclarecer: quando as pessoas pagam para se vacinar contra uma gripe, por exemplo, o *preço* da vacina significa um *benefício financeiro*. Assume-se que, se as pessoas pagam um determinado preço pela vacina, então a vacina tem valor para essas pessoas, isto é, oferece-lhes um benefício pessoal, privado, igual ao preço pago. Isso, em termos financeiros.

Já em termos econômicos, o *benefício* correspondente à mesma vacina ou a sua *utilidade*, tem a ver com o bem-estar que ela proporciona, na forma de saúde e conforto. Além disso, note-se que, nesse caso, o benefício considerado não é apenas individual, mas afeta a sociedade toda no que se refere à saúde pública.

Se a vacina ajudar a conter uma grave epidemia, por exemplo, o seu benefício econômico (social) pode ser muito mais significativo do que a soma de todos os benefícios financeiros individuais correspondentes às pessoas que tenham sido vacinadas.

Análise de viabilidade econômica e análise de viabilidade financeira de um projeto são a mesma coisa?

Absolutamente não. A *análise de viabilidade econômica* de um projeto é uma avaliação dos benefícios *econômicos* gerados por este projeto e dos custos *econômicos* incorridos na sua implantação e operacionalização. Também é chamada de *avaliação social*, e é feita para se estimar os resultados que um projeto proporciona para a sociedade como um todo. Por definição, um projeto é viável economicamente se os seus benefícios econômicos superarem ou, no mínimo, equivalerem aos seus custos econômicos.

Já a *análise de viabilidade financeira* de um projeto é uma avaliação dos benefícios *financeiros* gerados por este projeto e dos custos *financeiros* incorridos na sua execução. Também é chamada de *avaliação privada* e é feita para se estimar os resultados que um projeto proporciona para o indivíduo ou para a organização que o executa. Por definição, um projeto é viável financeiramente se os seus benefícios financeiros superarem ou, no mínimo, equivalerem aos seus custos financeiros.

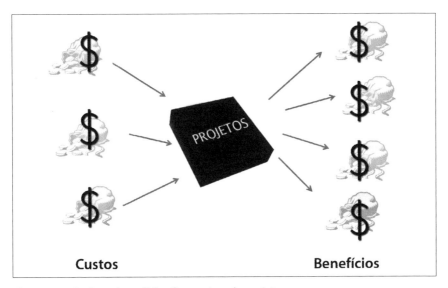

Figura 1.3: Custos e benefícios financeiros de projetos.

O resultado numérico de uma análise de viabilidade econômica, aplicada a um projeto qualquer, não coincide, necessariamente, com o resultado numérico da análise de viabilidade financeira aplicada a esse mesmo projeto.

IMPORTANTE: Pode haver situações em que um projeto seja viável economicamente, mas não financeiramente. Grandes obras de infraestrutura, por exemplo, podem sofrer esse tipo de problema. Para solucioná-lo, as opções clássicas são o aporte de subsídios governamentais, para viabilizar financeiramente o projeto, e/ou o redimensionamento físico e/ou a introdução de alterações tecnológicas nas obras em questão.

Da mesma forma, é possível existir projetos que sejam viáveis financeiramente, gerando resultados para seus proprietários, mas não economicamente, gerando, portanto, prejuízos para a sociedade como um todo. Essa é a situação que ocorre, por exemplo, no programa de produção de etanol de milho nos Estados Unidos, o qual é suportado por subsídios governamentais em detrimento de toda a sociedade. Esse também é o caso típico das indústrias altamente poluidoras, dos negócios informais em geral, e das atividades ilegais em particular.

Os custos econômicos do estudo de viabilidade de um projeto são diferentes dos seus custos contábeis? Por quê?

Normalmente sim. A contabilidade geral, aplicada nas empresas, trabalha com o conceito de *custos contábeis*, apurados segundo técnicas de custeio que seguem normas legais bem definidas, para fins de apuração de resultados auditáveis, tendo em vista a proteção dos interesses dos credores, dos acionistas, dos clientes, do governo e da sociedade em geral.

Os custos contábeis não coincidem necessariamente com os custos econômicos porque, conforme já explicado, estes correspondem ao valor dos recursos econômicos pertencentes à sociedade como um todo (terra e/ou capital e/ou trabalho), empregados na produção de um bem ou serviço. Assim, por exemplo, uma indústria pode gerar um impacto ambiental importante, sem que o custo econômico desse impacto seja registrado na sua contabilidade.

Além disso, os custos econômicos – os considerados em estudos de viabilidade econômica – são, essencialmente, custos futuros projetados com base em cenários de longo prazo, os quais não são contemplados, normalmente, nos demonstrativos contábeis das empresas – pelas razões apresentadas na resposta à pergunta anterior.

Os custos financeiros do estudo de viabilidade de um projeto são diferentes dos seus custos contábeis? Por quê?

Normalmente sim. A contabilidade geral, aplicada nas empresas, trabalha com o conceito de *custos contábeis* apurados segundo técnicas de custeio que seguem normas legais, conforme explicado na resposta à pergunta anterior.

Já os custos financeiros adotados nos estudos de viabilidade financeira de uma atividade podem não coincidir, por vários motivos, com os custos contábeis correspondentes a essa atividade. Um dos motivos mais relevantes para essa não coincidência tem a ver com o fato de os custos contábeis registrarem, principalmente, operações já realizadas, refletindo uma situação passada. Embora a empresa possa fazer algumas provisões contábeis referentes a situações futuras, inclusive quanto a contingências, existem restrições legais que limitam tais provisões – tanto em valor quanto em horizonte temporal.

Além disso, os custos financeiros – os considerados em estudos de viabilidade financeira – são, essencialmente, custos futuros, projetados com base em cenários de longo prazo, os quais não são contemplados, normalmente, nos demonstrativos contábeis das empresas.

Afinal qual é o custo real de um bem ou serviço: o seu custo financeiro, o seu custo econômico, o seu custo contábil ou ainda algum outro?

A verdade é que simplesmente não existe, a rigor, o conceito de custo *real*, significando um valor único, singular, de um objeto, como uma característica definidora que lhe seja intrínseca; mas, sim, no plural, existem custos diversos, atribuíveis ao mesmo objeto. Assim, um mesmo objeto poderá ter, ao mesmo tempo, um custo financeiro, um custo econômico e um custo contábil – sendo todos diferentes entre si e todos igualmente válidos.

Isso acontece porque os diferentes tipos de custos atribuíveis a um mesmo objeto refletem, na verdade, procedimentos diversos de mensuração de valores ou de contabilização. Esses procedimentos são denominados *técnicas de custeio* ou, alternativamente, *sistemas de custeio*. Os diferentes sistemas de custeio, por sua vez, existem, com suas características próprias, para atender a objetivos diversos, como informar acionistas, cumprir obrigações fiscais ou apoiar os executivos em seus processos de tomadas de decisões estratégicas, por exemplo.

Não existe, portanto, um custo único, ou *real*, referente a um determinado objeto, mas diversos custos, que a ele se aplicam. Esses custos podem ser de natureza econômica, financeira ou contábil, conforme já exposto. Além disso, e ao mesmo tempo, eles também podem ser *fixos ou variáveis*, conforme se comportam em relação aos volumes dos bens e serviços a que se referem; *diretos, indiretos ou complementares*, respectivamente, conforme se referem aos processos de produção; *marginais ou médios*, conforme se referem aos volumes incrementais ou totais de produção, respectivamente; e *passados, presentes ou futuros*, conforme se referem a eventos históricos, atuais ou projetados, respectivamente. E há ainda muitos outros tipos de custos, alguns dos quais serão apresentados e utilizados neste livro.

Em resumo, entre os custos atribuíveis a um objeto, não há nenhum que seja o seu custo *real*, absolutamente mais relevante que os outros, ou que possa, em qualquer hipótese, substituir os demais. O significado e a relevância de um custo específico dependerão da sua adequada interpretação no contexto de uma análise corretamente conduzida.

De fato, há sempre uma variedade infinita de custos atribuíveis a um mesmo objeto. Além disso, *o custo exato é uma utopia*, segundo um aforismo citado por Leone e Leone (2004), em seu *Dicionário de custos*.

A tarefa de interpretar o significado dos custos de uma empresa deve ser atribuída a especialistas, considerando a multiplicidade de custos existentes e os riscos de uma interpretação inadequada dos valores?

Os especialistas em custos respondem, naturalmente, pelas análises que elaboram e devem ser consultados para dirimir dúvidas e apoiar os processos de tomadas de decisão. Contudo, é responsabilidade intransferível do gestor a interpretação adequada dos custos sujeitos às suas decisões. Sem essa capacidade de interpretação, a assessoria do especialista torna-se inútil, pela impossibilidade de uma comunicação significativa entre eles – o gestor responsável e o seu assessor/especialista.

Além disso, de alguma forma, todos os custos são reflexos de decisões gerenciais, mesmo que, na prática, nem sempre sejam evidentes as relações de causa e efeito entre uma decisão e os custos que ela gera.

Neste livro, a interpretação do significado de cada tipo de custo é enfatizada e devidamente explicada de acordo com o encadeamento lógico requerido pelo texto.

EXERCÍCIOS

1. Como você definiria, recorrendo às sua próprias palavras, os seguintes conceitos: *valor*, *custo*, *benefício*, *preço*, *utilidade* e *viabilidade*?
2. Qual a diferença entre o custo econômico e o custo financeiro de um objeto? Explique.
3. Qual a diferença entre o benefício econômico e o benefício financeiro de um objeto? Explique.
4. Análise de viabilidade econômica e análise de viabilidade financeira de um projeto são a mesma coisa? Explique.
5. Os custos econômicos do estudo de viabilidade de um projeto são diferentes dos seus custos contábeis? Explique.
6. Os custos financeiros do estudo de viabilidade de um projeto são diferentes dos seus custos contábeis? Explique.
7. Afinal, qual é o custo real de um bem ou serviço: o seu custo financeiro, o seu custo econômico, o seu custo contábil ou ainda algum outro?
8. Pode haver situações em que um projeto seja viável economicamente, mas não o seja financeiramente? Um projeto nessas condições poderia ser viabilizado se recebesse suficientes subsídios governamentais a fundo perdido?
9. Pode haver situações em que um projeto seja viável financeiramente, mas não o seja economicamente? Um projeto nessas condições poderia ser viabilizado se recebesse suficientes subsídios governamentais a fundo perdido?
10. "A tarefa de interpretar o significado dos custos de uma empresa deve ser atribuída a especialistas, dada a multiplicidade de custos existentes e dados os riscos de uma interpretação inadequada dos valores". Você concorda com essa afirmação? Explique.

2 | Gestão econômica e financeira de projetos

INTRODUÇÃO

Neste capítulo, serão abordadas as questões referentes à gestão econômica e financeira de projetos de saneamento, cujos objetivos e estratégias serão apresentados como escolhas, assumidas pelos agentes do setor, diante da conjuntura e dos desafios estratégicos que o caracterizam.

O capítulo dedica uma seção às análises de viabilidade econômica e financeira de projetos; e outra, às medidas de viabilidade de projetos. A gestão do fluxo de caixa também será examinada, devido ao seu valor crítico para a viabilidade dos sistemas de saneamento.

No final do capítulo, as fontes dos recursos financeiros acessíveis ao setor serão discutidas: recursos próprios, procedentes das tarifas e dos aportes de capital, inclusive do mercado mobiliário; recursos onerosos, procedentes do mercado financeiro; e recursos não onerosos, procedentes do orçamento público. Essas diferentes fontes serão comparadas quanto às exigências que impõem ao tomador do recurso; quanto à eficiência econômica da sua utilização; e quanto às vantagens e desvantagens financeiras que oferecem ao gestor dos serviços de saneamento.

OBJETIVOS E ESTRATÉGIAS

Em um mundo de recursos escassos, o objetivo geral, contemplado pela gestão econômica e financeira de um projeto qualquer, é simplesmente o de maximizar os benefícios líquidos (econômicos e financeiros) gerados por ele (Figura 2.1). No caso particular dos projetos do setor de saneamento, os objetivos financeiros costumam ser muito mais desafiadores, no que diz respeito à gestão, do que os objetivos econômicos.

Figura 2.1: Projetos como atividades geradoras de benefícios.

Isso ocorre porque os benefícios econômicos do saneamento são, sempre, naturalmente relevantes, de alto valor intrínseco: saúde, redução de mortalidade, proteção ambiental e outros dessa natureza. Já os benefícios financeiros gerados por um projeto de saneamento sofrem limitações políticas ou regulatórias, incidentes especialmente no valor das tarifas. Estas, limitadas que são, devem ser suficientes para cobrir a totalidade dos custos financeiros do projeto, que costumam ser expressivos em qualquer situação. Por isso mesmo, a tarefa gerencial de executar um projeto de saneamento é mais desafiadora financeiramente do que economicamente.

As estratégias para se maximizar os benefícios líquidos (os financeiros e os econômicos) de um projeto qualquer são inúmeras, e aplicam-se, virtualmente, a qualquer situação em que uma decisão gerencial deve ser tomada. Em cada decisão gerencial há uma escolha e, também, um custo e um benefício envolvidos, embora nem sempre evidentes.

Sendo assim, a aplicação das estratégias de gestão econômica e financeira depende de ferramentas de análise que revelem os custos e os benefícios envolvidos nas escolhas gerenciais. Essas ferramentas constituem as chamadas *análises de viabilidade de projetos*. Na seção "Análises de viabilidade de projetos – Etapas de trabalho" (p. 16), são apresentados e explicados os procedimentos que constituem essas análises, insubstituíveis nos processos de tomadas de decisão e de construção de estratégias.

SANEAMENTO NO BRASIL: CONJUNTURA E DESAFIOS

A gestão estratégica do setor de saneamento no Brasil enfrentará um claro desafio conjuntural nos próximos anos: o de viabilizar a expansão de todos os sistemas, particularmente dos sistemas de esgotos sanitários, para se atingir a universalização dos serviços até o ano 2020, cumprindo, além disso, um dos *Objetivos do Desenvolvimento do Milênio* (ODM) das Nações Unidas, dos quais o Brasil é signatário. Trata-se da meta de reduzir pela metade, até 2015, a proporção da população de 1990 sem acesso permanente à água potável segura e ao esgotamento sanitário.

A necessidade de investimentos para universalizar os serviços de saneamento no Brasil, a serem realizados no período de 2008 a 2020, está estimada em 240 bilhões de reais pelo Programa de Modernização do Setor Saneamento 2009 (PMSS, 2009), sendo que a média histórica de investimentos no período de 2001 a 2007 foi de apenas 4,1 bilhões de reais por ano – em valores atualizados para o ano 2009.

O enfrentamento desse desafio – o de viabilizar um programa gigantesco de expansão – exigirá estratégias de produção de projetos de investimentos viáveis econômica e financeiramente.

IMPORTANTE: O desafio estratégico maior que se coloca aos gestores do saneamento no Brasil *não é*, absolutamente, o da *falta de recursos financeiros* para investimentos. O recurso mais em falta é mesmo o de *capacidade de aplicação eficiente* dos recursos disponíveis. No período de 2003 a 2008, o setor contratou R$ 8,3 bilhões para investimentos com recursos do FGTS, dos quais conseguiu realizar R$ 2,9 bilhões – apenas 35%. No período de 2007 a 2008, foram empenhados mais R$ 2,7 bilhões para obras de saneamento com recursos do Orçamento Geral da União (OGU), dos quais foram realizados R$ 230 milhões – apenas 8 % (PMSS, 2009). Nesse contexto, é certo que os recursos, quando chegam a ser efetivamente realizados, correm o risco de se transformar em desperdícios, na forma de obras abandonadas, paralisadas ou atrasadas, além de, quase sempre, mal dimensionadas.

O presente capítulo oferece ferramentas de análises de viabilidade econômica e financeira de projetos, especialmente necessárias numa conjuntura como esta.

ANÁLISES DE VIABILIDADE DE PROJETOS

Análises de viabilidade de projetos são técnicas de avaliação dos benefícios gerados por um projeto específico e dos custos incorridos na sua execução. Um projeto será viável, por definição, se tiver capacidade de gerar benefícios superiores ou, no mínimo, equivalentes aos seus respectivos custos.

As análises de viabilidade de projetos constituem ferramentas estratégicas de trabalho, insubstituíveis nos processos de tomadas de decisão e de construção de estratégias, bem como na avaliação de resultados e na concepção e no planejamento de investimentos.

Esta seção descreve os procedimentos que constituem as análises de viabilidade de projetos. Esses procedimentos compõem um processo que, por razões didáticas, foi aqui desdobrado em onze etapas. Supõe-se que as etapas descritas serão executadas sequencialmente no contexto de uma análise e são aplicáveis, genericamente, aos casos de estudos de viabilidade *econômica* ou *financeira*. Existem, porém, algumas diferenças conceituais e quantitativas entre um caso e outro. Essas diferenças serão destacadas no decorrer do texto e à medida que as explicações pertinentes mostrarem-se necessárias.

Análises de viabilidade de projetos – Etapas de trabalho

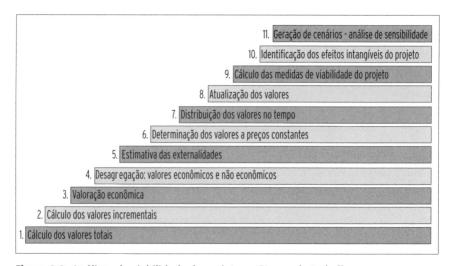

Figura 2.2: Análises de viabilidade de projetos – Etapas de trabalho.

Etapa 1. Identificação dos valores totais (valores com projeto)

Essa etapa consiste em identificar todos os custos que provavelmente ocorrerão no futuro, supondo que o projeto, matéria de análise, venha a ampliar a capacidade de um sistema já existente. Os custos aqui incluem investimentos, manutenção, operação, enfim, todos os custos que o sistema ampliado exigirá para funcionar, atendendo à demanda até o limite suportado pela sua capacidade ampliada.

Etapa 2. Cálculo dos valores incrementais (com ou sem projeto)

Essa etapa consiste em identificar todos os custos que provavelmente ocorrerão no futuro, supondo que o projeto, matéria de análise, *não* venha a ser implantado. Esse é o cenário de manutenção do *status quo* ou cenário *sem* projeto. Os custos aqui incluem investimentos, manutenção, operação, enfim, todos os custos que o sistema existente exigirá para funcionar, atendendo à demanda até o limite suportado pela sua capacidade. Em seguida, os valores incrementais serão calculados da seguinte forma: (valor incremental) = (valor com projeto) − (valor sem projeto). Os valores incrementais medem o impacto da execução do projeto.

Etapa 3. Valoração econômica ("preços-sombra" e "excedente do consumidor")

Essa etapa não se aplica ao caso da análise financeira. Já no caso da análise econômica, serão aplicados, nessa fase, os conceitos de preço-sombra e de excedente do consumidor, conforme se expõe a seguir.

O *preço-sombra*, também chamado *custo de oportunidade*, corresponde ao valor *econômico* do benefício ou do custo considerado, compensado dos efeitos provocados por eventuais distorções de mercado e/ou por políticas governamentais de controles de preços. Um exemplo de aplicação clássica desse conceito ocorre na análise econômica de projetos de combate ao desemprego. Nas frentes emergenciais de trabalho, cada trabalhador poderá receber um salário mínimo pela sua participação. Mas o custo econômico dessa mão de obra (o seu preço-sombra ou custo de oportunidade) será computado como igual a zero, tipicamente, nos cálculos de um estudo de viabilidade econômica. Considera-se que a mão de obra em excesso, nessa situação, significa um recurso econômico sem valor expressivo.

Quanto ao conceito de *excedente do consumidor*, este significa o ganho líquido auferido pelo consumidor de um determinado bem ou serviço. Corresponde à utilidade desse bem ou serviço, subtraída do seu correspondente custo financeiro (ver conceito de utilidade no Capítulo 1, p. 3, e cálculo de utilidade no Capítulo 3, na seção "Curvas de demanda", p. 40). Nessa terceira fase da análise econômica, o excedente do consumidor será, então, estimado e devidamente incluído no valor dos benefícios gerados pelo projeto.

Em resumo, a valoração econômica implica compensar os efeitos combinados dos custos de oportunidade e dos excedentes dos consumidores sobre a viabilidade de um projeto. Essa valoração induz a decisões estratégicas que utilizem menos os recursos escassos e mais os recursos abundantes, disponíveis na economia, de forma a maximizar a utilidade ou o bem-estar geral da sociedade.

Etapa 4. Desagregação dos valores econômicos e não econômicos

Essa etapa não se aplica ao caso da análise financeira. Já no caso da análise econômica, será considerado, aqui, o conceito de *valor não econômico*. Este será desprezado, por definição, no contexto de um estudo de viabilidade econômica. Ele corresponde a um valor que tem realidade financeira e impacta a gestão de fluxo de caixa de um projeto, mas não implica o uso real de um recurso econômico (o qual, por definição, só pode ser a terra, o capital ou o trabalho). Impostos, juros e depreciação de ativos são exemplos típicos de valores não econômicos. Estes valores significam simples transferências monetárias, ou de créditos, entre agentes econômicos, ou, no caso da depreciação, um registro contábil que implicaria dupla contabilização se fosse incluído entre os custos econômicos – uma vez que o valor dos ativos deverá estar necessariamente incluído no valor total dos investimentos do projeto.

Etapa 5. Estimativa das externalidades

Essa etapa não se aplica ao caso da análise financeira. Já no caso da análise econômica, será considerado, aqui, o conceito de *efeitos externos* ou *externalidades*. Esses efeitos correspondem aos custos causados por um projeto e aos benefícios por ele gerados, que não são transferidos aos seus titulares, nem aos seus beneficiários diretos. A poluição ambiental provocada pelo descarte de baterias usadas é um exemplo típico de uma externalidade negativa em relação ao fabricante de baterias. Já uma estação de tratamento de esgotos sanitários gera uma externalidade positiva ao beneficiar pessoas que a ela não estão, necessariamente, ligadas. Eventualmente, as externalidades são tratadas como efeitos intangíveis (ver Etapa 10), dada a dificuldade de estimá-las.

Etapa 6. Determinação dos valores em preços constantes (deflacionados)

Essa é uma regra universal. Os estudos de viabilidade trabalham com projeções futuras, mas consideram que todos os valores são computados a preços constantes e estão referidos a uma mesma data base. Assume-se, portanto, que a inflação de preços não deverá alterar os resultados do estudo ao longo do tempo. Entende-se que a inflação incidirá, igualmente, sobre todos os preços, sem alterar os seus valores relativos, isto é, sem afetar o valor de cada preço quando comparado aos valores de todos os demais preços. Eventuais ajustes reais de preços (isto é, acima ou abaixo da inflação), se incidentes sobre itens específicos, com exclusão dos demais itens, devem, porém, ser considerados.

Etapa 7. Distribuição dos valores no tempo (exclusivamente no futuro)

Apenas as ações futuras estão sujeitas à gestão e, por isso, *todos* os valores que signifiquem custos ou benefícios realizados no passado serão desconsiderados em um estudo de viabilidade. A análise de viabilidade referente a uma obra paralisada, por exemplo, deve *excluir* totalmente os valores que já tenham sido nela investidos, por maiores que tenham sido. Nesse caso, serão incluídos na análise apenas os valores necessários à conclusão da obra. Outra questão chave, de máxima importância, a considerar aqui é a seguinte: *Quando*, exatamente, ocorrerão os investimentos? *Quando*, exatamente, começam a ser gerados os benefícios previstos? Um atraso de um ou dois anos na realização de uma obra pode tornar inviável um projeto que, de outra forma, seria viável (ver Etapa 11).

Etapa 8. Atualização dos valores (taxa econômica ou financeira de desconto)

Todos os valores projetados, tantos os custos quanto os benefícios, devem ser atualizados para uma data conveniente – normalmente, a data da realização do próprio estudo. Essa atualização é feita por meio das técnicas usuais da matemática financeira. A questão relevante é a seguinte: qual deve ser a taxa de atualização a ser adotada no estudo? No caso do estudo de *viabilidade financeira*, a taxa deverá ser a taxa bancária utilizada no financiamento do projeto ou uma taxa de rentabilidade aceitável para a empresa gestora. No caso do estudo de *viabilidade econômica*, a taxa de atualização deverá ser correspondente ao *custo de oportunidade do capital*. Essa taxa tem o mesmo comportamento matemático que uma taxa de juros convencional, mas tem outro significado conceitual. Ela corresponde ao rendimento econômico mínimo esperado de um projeto, dado o contexto econômico do país como um todo. No caso do Brasil, essa taxa tem variado, historicamente, entre 10 e 12% ao ano.

Etapa 9. Cálculo das medidas de viabilidade do projeto

A condição de viabilidade de um projeto pode ser expressa numericamente. As medidas de viabilidade mais usuais, universalmente adotadas, são as seguintes: valor presente líquido (VPL); relação benefício/custo (B/C); relação benefício líquido/investimento líquido (BIL); e taxa interna de retorno (TIR). As fórmulas de cálculo correspondentes são apresentadas na seção "Medidas de viabilidade de projetos" (p. 21).

Etapa 10. Identificação dos efeitos intangíveis do projeto

Além de todos os valores quantificáveis, em termos de custos e benefícios, um projeto poderá gerar, também, efeitos cujos valores são intangíveis ou de difícil quantificação, tanto positivos quanto negativos. Uma análise completa de viabilidade deverá identificar esses efeitos intangíveis e considerá-los em nível de decisão estratégica. Exemplos de efeitos intangíveis de um projeto de abastecimento de água poderiam ser as alterações paisagísticas na área dos mananciais, a melhoria da imagem pública da empresa operadora do serviço, o aumento da produtividade laboral da população, a redução do absenteísmo local por doenças, entre outros.

Etapa 11. Geração de cenários alternativos (análises de sensibilidade)

Essa etapa corresponde ao coroamento do processo de análise. Idealmente, ela será realizada com ampla participação dos gestores estratégicos do projeto, inclusive dos seus financiadores, ainda que nas etapas anteriores também seja recomendável algum acompanhamento por parte dos decisores principais. Aqui serão simuladas várias situações, das mais extremas e improváveis às mais factíveis. As vulnerabilidades do projeto serão testadas nessa fase da análise. Por exemplo: o que ocorreria em caso de um atraso de dois anos nas obras previstas? Esse atraso parece provável? E se as tarifas sofrerem congelamento por pressão política? Se a ampliação da segunda etapa for postergada em cinco anos, o resultado melhoraria sensivelmente? Esses cenários alternativos são fundamentais para a construção de estratégias. As prioridades de investimentos, as políticas tarifárias, as opções tecnológicas e as demais decisões estratégicas em geral deveriam ser, sempre, respaldadas em estudos de cenários alternativos.

MEDIDAS DE VIABILIDADE DE PROJETOS

As medidas de viabilidade de um projeto normalmente adotadas são as seguintes: valor presente líquido (VPL), relação benefício/custo (B/C) (Figura 2.3), relação benefício/investimento líquido (BIL) e taxa interna de retorno (TIR).

Os valores necessários para calcular essas medidas correspondem aos resultados dos cálculos descritos na Etapa 9, "Cálculo das medidas de viabi-

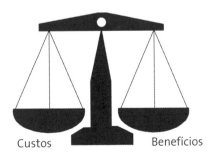

Figura 2.3: Medidas de viabilidade: comparação de custos e benefícios.

lidade do projeto". Já as fórmulas matemáticas que definem as medidas de viabilidade são as indicadas abaixo:

- (VPL) = (B) − (C)
- (B/C) = (B) / (C)
- (BIL) = (BL) / (IL)
- (TIR): taxa de desconto que implica em (B) = (C)

Os significados dos termos empregados nas fórmulas são:

(B) = Soma dos valores presentes dos *benefícios incrementais*, calculados nos termos das etapas anteriores;
(C) = Soma dos valores presentes dos *custos incrementais*, calculados nos termos das etapas anteriores;
(BL) = Soma dos valores presentes dos *benefícios incrementais positivos* calculados nos termos das etapas anteriores;
(IL) = Soma dos valores presentes dos *benefícios incrementais negativos* calculados nos termos das etapas anteriores.

CRITÉRIOS DE VIABILIDADE

Um determinado projeto será viável, por definição, se os benefícios gerados por ele forem superiores ou, no mínimo, equivalentes aos seus custos. Em termos matemáticos, essa condição de viabilidade de um projeto se verifica quando as inequações abaixo são satisfeitas. Essas inequações definem, matematicamente, os critérios de viabilidade:

(VPL) $\geq$ 0
(B/C) $\geq$ 1
(BIL) $\geq$ 1
(TIR) $\geq$ (custo de oportunidade do capital) – em estudos econômicos
(TIR) $\geq$ (taxa de juros ou rentabilidade aceitável) – em estudos financeiros

Por ser oportuno e para enfatizar os conceitos relevantes, reproduz-se, a seguir, um trecho do Capítulo 1, da resposta à pergunta "Análise de viabilidade econômica e análise de viabilidade financeira de um projeto são a mesma coisa?":

> **IMPORTANTE:** Pode haver situações em que um projeto seja viável economicamente, mas não financeiramente. Grandes obras de infraestrutura, por exemplo, podem sofrer esse tipo de problema. Para solucioná-lo, as opções clássicas são o aporte de subsídios governamentais, para viabilizar financeiramente o projeto, e/ou o redimensionamento físico e/ou a introdução de alterações tecnológicas nas obras em questão.
>
> Da mesma forma, é possível existir projetos que sejam viáveis financeiramente, gerando resultados para seus proprietários, mas não economicamente, gerando, portanto, prejuízos para a sociedade como um todo. Essa é a situação que ocorre, por exemplo, no programa de produção de etanol de milho nos Estados Unidos, o qual é suportado por subsídios governamentais em detrimento de toda a sociedade. Esse também é o caso típico das indústrias altamente poluidoras, dos negócios informais em geral, e das atividades ilegais em particular.

Medidas de viabilidade calculadas para projetos diferentes podem ser usadas para selecionar e/ou priorizar possíveis aplicações de investimentos. Como regra geral, os projetos de maior viabilidade deveriam ser priorizados em relação aos de menor viabilidade. Todavia, é importante notar que a validade das comparações entre medidas de viabilidade de projetos diferentes depende de uma interpretação específica, aplicável caso a caso. Essa interpretação deve ponderar, por um lado, as próprias medidas de viabilidade dos projetos e, por outro lado, as demais diferenças significativas existentes entre os projetos submetidos à comparação – especialmente as diferenças de escopo, de escala, de riscos de insucesso, de calendários de execução e de duração da vida útil dos projetos analisados.

Convém lembrar ainda que, ao se comparar diferentes projetos entre si, os seus aspectos intangíveis também devem ser levados em conta. Ainda que, por definição, os aspectos intangíveis não sejam quantificáveis, mesmo assim, eles podem ser comparáveis em termos qualitativos e, portanto, podem ser devidamente considerados em um nível estratégico de decisão e escolha.

GESTÃO DE FLUXO DE CAIXA

Os gestores dos sistemas de saneamento enfrentam, tipicamente, um desafio estratégico duplo, sujeito a certo grau de conflitos e de compromissos mútuos. As suas decisões econômicas e financeiras contemplam, ao mesmo tempo, um horizonte de longo prazo, da ordem de décadas, e também um horizonte de curtíssimo prazo, da ordem de 24 horas ou menos.

Na perspectiva de longo prazo, as decisões devem ser orientadas por critérios de viabilidade econômica e financeira, entre outros, conforme discutido nas seções anteriores. Já na perspectiva de curto (ou curtíssimo) prazo, as decisões devem ser orientadas por critérios de solvência do fluxo de caixa, entre outros.

As próximas considerações justificam a importância estratégica de se preservar a solvência do fluxo de caixa permanentemente.

Cabe, primeiro, reconhecer que os serviços de saneamento são criticamente vulneráveis a deficiências de recursos em seus fluxos de caixa, devido ao seu regime de produção contínua de 24 horas por dia.

Se as deficiências de caixa forem apenas eventuais ou incomuns, mesmo assim, elas acarretarão problemas potencialmente graves para a empresa operadora. Isso porque os seus fornecedores de insumos essenciais, como os fabricantes de produtos químicos para tratamento, ou os seus empreiteiros de obras de emergência e manutenção em geral, por exemplo, dependem de pagamentos em dia para manter as suas respectivas operações e seus compromissos contratuais – e também para oferecer preços módicos e competitivos.

Já no caso da empresa operadora que sofra deficiências de fluxos de caixa de uma forma prolongada ou crônica, os problemas são, certamente, dramáticos: os seus fornecedores costumam exigir pagamentos antecipados; os bancos não lhe concedem créditos; as obras de ampliação e manutenção preventiva são paralisadas por falta de recursos e/ou adiadas indefinidamente; e os riscos de acidentes de trabalho se multiplicam, dada a manutenção inadequada das plantas. Nesse caso, a empresa não "fechará as portas" apenas por causa da essencialidade dos seus serviços.

Além disso, os acidentes ambientais tornam-se mais prováveis, ou frequentes, no caso de uma empresa que sofre deficiências de gestão de caixa e que, consequentemente, adia despesas urgentes. Os empregados mais capacitados abandonam a instituição por falta de estímulos e perspectivas. A autonomia administrativa é prejudicada, passando a existir ingerência política no dia a dia da gestão. O planejamento torna-se ineficaz por falta de credibilidade funcional e de influência política. A qualidade dos serviços se deteriora, com impactos na saúde pública e, inclusive, na mortalidade infantil.

A gestão eficiente do fluxo de caixa constitui, portanto, uma das funções estratégicas essenciais à sustentação das empresas operadoras de serviços de saneamento. A solvência permanente e em níveis apropriados constitui, realmente, um dos indicadores principais da qualidade de uma gestão. Todas as políticas corporativas devem, idealmente, ser compatíveis com o alcance e a manutenção da solvência – em especial a política tarifária, a política de investimentos, a política comercial e a de marketing. As práticas gerenciais de faturamento, cobrança e redução de inadimplência são críticas para o sucesso da gestão do fluxo de caixa em qualquer empresa, particularmente no caso das empresas de saneamento.

GESTÃO FINANCEIRA: FONTES DE RECURSOS

Os recursos financeiros disponíveis para o custeio de um serviço de saneamento podem ser classificados, quanto à sua origem, nas seguintes categorias básicas: recursos próprios, recursos onerosos e recursos não onerosos, conforme mostram o Quadro 2.1 e a Figura 2.4.

Quadro 2.1: Origens dos recursos investidos em 2007 em saneamento no Brasil

REGIÕES	INVESTIMENTO (MILHÕES DE R$)				
	RECURSOS PRÓPRIOS	RECURSOS ONEROSOS	RECURSOS NÃO ONEROSOS	ORIGENS NÃO IDENTIFICADAS	TOTAL
Norte	75,8	37,8	16,6	13,6	143,8
Nordeste	150,2	60,5	252,3	98,2	561,2
Sudeste	1.426,6	684,7	147,5	166,8	2.425,4
Sul	446,9	171,1	12,5	51,3	681,7
Centro-oeste	135,5	218,4	48,5	23,3	426,6
BRASIL	**2.234,9**	**1.172,5**	**477,4**	**353,3**	**4.237,8**

Fonte: PMSS, 2009.

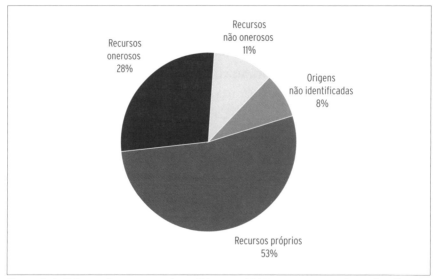

Figura 2.4: Origens dos recursos investidos em 2007 em saneamento no Brasil.
Fonte: PMSS, 2009.

Essas categorias serão apreciadas em seguida, nessa mesma ordem, e comparadas quanto às exigências que impõem ao tomador do recurso; à eficiência econômica da sua utilização; e às vantagens e desvantagens financeiras que oferecem ao gestor dos serviços de saneamento.

Recursos próprios: tarifas e aportes de capital

Os recursos próprios provêm da remuneração dos serviços por meio de tarifas. No caso dos serviços organizados, como empresas, eles podem provir também dos aportes de capital, realizados na forma de investimentos diretos, ou por meio da colocação de ações no mercado mobiliário.

As *tarifas* são preços cobrados diretamente dos consumidores, para os quais o serviço é prestado. Elas se diferenciam das *taxas* porque não constituem tributos. Empresas públicas, privadas ou mistas podem cobrar tarifas. Na perspectiva do gestor do serviço, a remuneração dos serviços por meio de tarifas oferece maior autonomia, por não constituir receita do Tesouro, mas sim receita própria da empresa.

IMPORTANTE: A remuneração dos serviços de saneamento por via tarifária é baseada na medição do consumo de água. Essa prática é benéfica para a economia e para o meio ambiente, porque a tarifa, ao incidir sobre consumos medidos, estimula a disciplina no uso da água, que constitui um recurso cada vez mais escasso.

Adicionalmente à cobrança da tarifa incidente sobre os volumes medidos, é justificável a cobrança mensal obrigatória, mínima, de um valor fixo, onerando todos os usuários. Esse valor fixo remunera o custo da disponibilidade do serviço, que é oferecido 24 horas por dia, independentemente do volume de água e/ou esgoto efetivamente fornecido e/ou coletado (Figura 2.5).

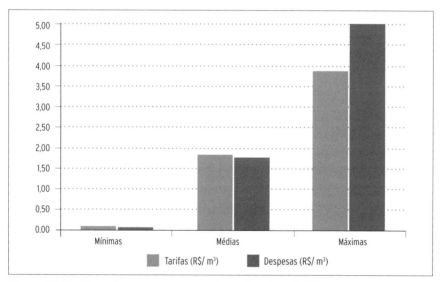

Figura 2.5: Tarifas e despesas: saneamento no Brasil em 2007.
Fonte: PMSS, 2009.

Do ponto de vista econômico, a tarifa de um serviço de saneamento caracteriza o preço de um monopólio natural. Esse fato conferiria à empresa operadora do serviço um poder unilateral (assimétrico em relação à sociedade), caso ela tivesse autonomia plena para estabelecer a sua própria política tarifária. A complexidade desse assunto, em particular o monopólio natural, merece considerações mais detalhadas, que serão apresentadas nos demais capítulos deste livro.

Os *aportes de capital* constituem também fonte de recursos próprios para as empresas. Na perspectiva do gestor, essa fonte de recursos é muito atraente porque os recursos obtidos na forma de aportes de capital não significam dívidas, mas, ao contrário, reduzem o endividamento e melhoram a solvência dos seus negócios.

A venda de ações preferenciais no mercado mobiliário, por exemplo, equivale à entrada de novos sócios nos negócios da empresa. Estes (os acionistas preferenciais) fornecem capital financeiro para a empresa, mas não participam da sua gestão.

As exigências impostas a uma empresa, para que seja bem-sucedida na colocação das suas ações no mercado, são as mesmas, genericamente, para qualquer tipo de empresa, em qualquer lugar do mundo. Essas exigências são, basicamente, duas: rentabilidade e transparência de gestão.

Cabe notar que as poucas empresas brasileiras de saneamento que participam com sucesso do mercado de ações operam com tarifas médias equivalentes à tarifa média nacional; oferecem tarifas subsidiadas aos seus usuários mais pobres (tarifas sociais); e apresentam os níveis mais elevados do país em coberturas de serviços de água e esgoto. Esse fato demonstra que uma empresa de saneamento no Brasil pode conciliar as suas políticas de gestão social e financeira. Isto é: ela pode buscar a universalização dos serviços e também o lucro, usando o poder que o acesso aos recursos da Bolsa de Valores lhe confere.

Recursos onerosos: o mercado financeiro

O *mercado financeiro* pode oferecer recursos onerosos para as empresas de saneamento na forma de empréstimos de curto, médio ou longo prazos. Para habilitar-se a um empréstimo, a empresa interessada deve demonstrar capacidade financeira suficiente para responder pelas obrigações que vier a assumir perante o agente financiador. A capacidade financeira, nesse caso, será demonstrada mediante as análises de viabilidade financeira das operações negociadas e, também, por meio da apresentação de registros contábeis que evidenciem a boa gestão do fluxo de caixa empresarial. As instituições financeiras fazem ainda outras exigências formais, de caráter legal, fiscal, previdenciário e contábil, cujo detalhamento, porém, fugiria do escopo desta obra.

O acesso ao mercado financeiro para a obtenção de recursos onerosos oferece algumas vantagens estratégicas ao gestor dos serviços de saneamento. Entre elas, podem ser citadas: a viabilização de projetos, particularmente os que exigem elevados investimentos iniciais e longos prazos de retorno; e a flexibilidade gerencial, uma vez que os recursos onerosos são associados a contratos de financiamento que podem ser negociados caso a caso com relação às condições particulares de carências, taxas de juros e prazos, por exemplo.

Do ponto de vista econômico, o mercado financeiro realiza a importante função de conectar os mecanismos de poupança, de um lado, com os mecanismos da produção, de outro, garantido fluidez e eficiência na alocação dos recursos disponíveis. Além disso, a atuação dos agentes de poupança e empréstimo constitui um mecanismo de estímulo à gestão eficiente dos recursos aplicados, uma vez que cada projeto financiado será submetido a uma análise prévia de viabilidade econômica e financeira, como condição para sua aprovação e execução. Cabe notar que esse tipo de disciplina não é tão comum no caso dos projetos executados com recursos não onerosos.

Recursos não onerosos

O *orçamento público* constitui a fonte primária dos recursos não onerosos para o setor de saneamento. Ele pode transferir recursos diretamente às entidades responsáveis pela prestação dos serviços e, inclusive, lançar tributos na forma de taxas de serviços de água e esgoto.

O poder público, como fonte de recursos para o saneamento, também constitui uma opção sempre atraente na perspectiva do gestor do serviço. Afinal, ele significa uma fonte disponível, normalmente, a fundo perdido. Mas há alguns problemas associados à utilização dessa fonte em particular, os quais são destacados a seguir:

- O serviço de saneamento estará sendo pago, nesse caso, pelo contribuinte, e não pelo consumidor. É possível demonstrar que esse arranjo gera ineficiência econômica e, além disso, cria o risco de haver transferência indevida de recursos entre pobres e ricos. Caso a população beneficiária tenha condições de pagar tarifas pelo benefício recebido, então é possível que os consumidores mais pobres estejam subsidiando os consumidores mais ricos via impostos.

- O problema da transferência indevida de recursos pode ser parcialmente compensado no caso da autarquia que trabalha com recursos procedentes de taxas específicas e desde que essas taxas discriminem, segundo algum critério adequado de renda familiar, os usuários carentes e os demais.
- O orçamento público, pela sua própria natureza, exige procedimentos de auditoria, fiscalização e prestação de contas, os quais, por um lado, são necessários para proteger o interesse público, mas, por outro, oneram o custo final das operações, podendo ainda servir para estabelecer ingerências políticas na gestão do serviço de saneamento.
- O orçamento público é limitado e, por isso, terá caráter apenas suplementar em relação ao total das necessidades de fundos dos serviços de água e esgotos.

EXERCÍCIOS

1. Descreva, sucintamente, as etapas que compõem uma análise de viabilidade econômica de um projeto. Explique as dificuldades esperadas em cada etapa.
2. Descreva, sucintamente, as etapas que compõem uma análise de viabilidade financeira de um projeto. Explique as dificuldades esperadas em cada etapa.
3. O que significa a expressão "custos externos" ou "externalidades"? Quais são as externalidades mais comuns associadas ao saneamento? Explique.
4. Considere um projeto cujos custos estão representados no Quadro 4.4. Considere que se trata de um sistema de saneamento, para o qual o Governo Federal aportará 20% do valor dos investimentos a fundo perdido; que a tarifa média cobrada sobre as demandas atendidas pelo projeto seja igual a R$ 1,20/m³ no primeiro ano, e que ela será majorada, em termos reais, em 1% ao ano nos anos seguintes. Nessas condições, o projeto seria viável financeiramente? Em caso negativo, proponha possíveis soluções para torná-lo viável e justifique-as. Calcule os seguintes indicadores de viabilidade financeira do projeto: VPL, TIR, BIL e B/C.
5. O projeto do exercício anterior seria viável economicamente? Em caso negativo, proponha possíveis soluções para torná-lo viável e justifique-as. Calcule os seguintes indicadores de viabilidade econômica do projeto: VPL, TIR, BIL e B/C.
6. As ofertas A, B, e C, descritas a seguir, foram apresentadas em um processo de licitação, na construção de um sistema de abastecimento de água. Referem-se a três conjuntos de equipamentos eletromecânicos. Os conjuntos representam alternativas equivalentes tecnicamente. Eles se diferenciam apenas em termos de potências requeridas pelos equipamentos e em preços. Considere que a sua res-

ponsabilidade nesse processo de licitação seja a de emitir um parecer comparativo, indicando a proposta economicamente mais viável: A, B, ou C. Apresente o cálculo justificativo do seu parecer.

- Oferta A – potência do conjunto: 9.400 kW; custo: R$ 4,80 milhões.
- Oferta B – potência do conjunto: 8.990 kW; custo: R$ 5,28 milhões.
- Oferta C – potência do conjunto: 8.790 kW; custo: R$ 5,81 milhões.

Dados a considerar:

- Os equipamentos deverão operar por 10 anos, em um regime de 13,5 horas por dia no primeiro ano, que, nos anos seguintes, irá aumentar a uma taxa de 4% ao ano – até 19,2 horas por dia no décimo ano.
- A empresa operadora pagará R$ 0,12 por kWh pela energia que consumir nesse período, mais uma taxa fixa mensal de demanda de R$ 10,00/kW/mês.
- Custo mensal de energia = Potência · [10,00 + 0,12 · (número de horas operadas)].

3 | Gestão da demanda

INTRODUÇÃO

Neste capítulo discutem-se os objetivos e as estratégias de gestão da demanda em sistemas de saneamento, sendo os assuntos tratados referidos às suas bases conceituais: econômicas e de engenharia.

As demandas típicas dos sistemas de saneamento serão apresentadas neste capítulo, inclusive as suas variações horárias, sazonais e de longo prazo.

A relação entre o comportamento da demanda e a capacidade instalada dos sistemas será evidenciada, destacando-se os riscos contraditórios de ociosidade e de deficiência de capacidade a que estão naturalmente sujeitos os sistemas de saneamento.

Os conceitos de curvas de demanda e de elasticidade-preço serão apresentados, assim como a aplicação desses conceitos na identificação dos padrões de consumo dos diversos tipos de clientes de um serviço de saneamento.

Finalmente, serão sugeridas, na forma de exemplos, diversas estratégias aplicáveis à gestão da demanda de serviços de saneamento: estratégias de curto e de longo prazos associadas aos objetivos gerais que serão apresentados a seguir.

OBJETIVOS E ESTRATÉGIAS DE GESTÃO DA DEMANDA

São objetivos principais da gestão da demanda dos sistemas de saneamento, além de outros que possam ser estabelecidos para atender a situações específicas:

- Atender às necessidades dos clientes no que diz respeito ao abastecimento de água e aos serviços de esgotos sanitários, oferecendo serviços de qualidade e, portanto, dotados de valor, sem deficiências ou interrupções.
- Utilizar, de forma eficiente, os recursos econômicos e financeiros do sistema em benefício dos seus clientes e da própria empresa gestora.

Os objetivos principais, estabelecidos acima, podem ser desdobrados em objetivos mais específicos, de curto e longo prazos, como os seguintes:

- *Em curto prazo*: o objetivo estratégico de gestão da demanda de um sistema de saneamento deve ser o de maximizar a eficiência da capacidade instalada existente, submetida às exigências imediatas e aos imprevistos de um serviço essencial, que opera em regime de 24 horas por dia.
- *Em longo prazo*: o objetivo estratégico de gestão da demanda de um sistema de saneamento deve ser o de influenciar o próprio comportamento da demanda, em reconhecimento ao fato de que as demandas futuras não são inevitáveis, mas resultados de decisões que podemos propor e estimular.

Em vista desses objetivos, as estratégias de gestão da demanda de curto prazo devem ser capazes de evitar as situações tanto de falta quanto de excesso de capacidade instalada existente. As estratégias de curto prazo serão, por isso, estratégias operacionais, focadas na gestão das unidades de produção, componentes do sistema, tais como as plantas de tratamento, as linhas adutoras, ou redes de distribuição, ou outras.

Já as estratégias de gestão da demanda de longo prazo devem ser capazes de oferecer estímulos aos clientes, adequados às suas necessidades, para que estes mantenham os seus padrões de consumo dentro de limites que permitam a operação do sistema em níveis ótimos de eficiência. As estratégias de longo prazo serão, por isso, estratégias focadas no cliente.

Nas seções "Gestão da demanda de curto prazo: estratégias" (p. 45) e "Gestão da demanda de longo prazo: estratégias"(p. 50), serão sugeridas, na forma de exemplos, diversas soluções aplicáveis à gestão da demanda de serviços de saneamento, devidamente associadas aos objetivos enunciados anteriormente.

DEMANDA E CAPACIDADE INSTALADA

O Quadro 3.1, mostra que os sistemas de saneamento do Brasil atenderam a uma demanda média de 156 litros de água por dia para cada habitante urbano abastecido no ano de 2007. Essa demanda corresponde a um valor médio referente à população urbana do Brasil, considerada como um todo. A variabilidade desse valor pode ser expressiva na comparação entre cidades ou regiões diferentes, conforme mostrado na segunda coluna do Quadro 3.1. Os valores desse quadro estão expressos em litros *per capita* dia (LPCD).

Quadro 3.1: Demanda e produção de água no Brasil e em alguns estados

ESTADO	DEMANDA	PERDAS	PRODUÇÃO	MEDIÇÃO (%)
Ceará	129	60	189	99
Paraná	125	69	194	100
Rio de Janeiro	237	249	486	65
São Paulo	199	144	343	100
Brasil	156	118	273	89
Brasil (%)	57	43	100	–

Fonte: PMSS, 2009 (base de dados de 2007, valores em LPCD).

É importante notar que os sistemas de abastecimento de água precisam dispor de uma capacidade de produção suficiente para suprir a demanda e, além disso, compensar as perdas que ocorrem nos processos de tratamento, transporte e distribuição.

A terceira coluna do Quadro 3.1 indica os volumes das perdas registradas no ano de 2007 no Brasil e em alguns estados, que foram incluídos no quadro para permitir comparações. Essas perdas impõem custos significativos à implantação e à operação dos sistemas – denominados custos de ineficiência técnica, os quais serão devidamente apreciados no Capítulo 4, na seção "Custos de deficiência e de ineficiência técnica de sistemas" (p. 64).

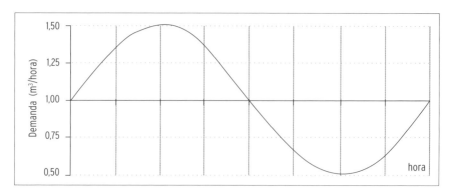

Figura 3.1: Variações típicas na demanda de curto prazo.

Além das *perdas* e da *demanda média diária*, o gestor dos serviços de saneamento ainda deve se preocupar em atender à *demanda máxima diária* que ocorre, excepcionalmente, em alguns dias do ano (Figura 3.2). Normalmente, em uma cidade comum, sem população flutuante significativa, a demanda máxima diária é aproximadamente 20% maior que a demanda média diária.

Em algumas cidades, porém, ocorre a chamada demanda sazonal, gerada por uma grande população flutuante, em épocas definidas do ano. A demanda sazonal pode ser 50 a 100% maior que a demanda média diária (ver Figura 3.2).

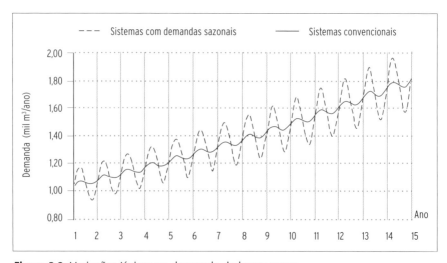

Figura 3.2: Variações típicas na demanda de longo prazo.

Há ainda a *demanda máxima horária*, ou *demanda de ponta*, correspondente à demanda que ocorre todos os dias, mas somente durante algumas poucas horas em cada dia. A demanda de ponta supera, tipicamente, em aproximadamente 80% o valor da demanda média diária.

A capacidade instalada de um sistema de abastecimento de água deve ser suficiente para suprir as demandas sazonais e de ponta da população atendida, além de cobrir todas as perdas, para evitar a ocorrência de racionamentos ou desabastecimento. Além disso, a capacidade instalada do sistema ainda deve comportar mais uma margem de folga, suficiente para suprir as *demandas incrementais futuras*, que serão geradas pelo crescimento vegetativo da população atendida, dentro de uma perspectiva de curto a médio prazo – da ordem de três a dez anos, normalmente.

Essa margem de folga, relativa às demandas futuras, constitui uma solução estratégica para se evitar a necessidade de ampliações contínuas da capacidade instalada e também para se enfrentar eventuais aumentos imprevistos no comportamento da demanda.

Em resumo, conclui-se, do que foi exposto anteriormente, que um sistema típico de saneamento precisa dispor de um excesso de *capacidade instalada* em relação à sua demanda média diária para poder evitar situações de racionamentos ou desabastecimento e, também, para poder absorver o impacto das demandas incrementais futuras ou imprevistas.

Considerando os números apresentados nesta seção, é possível deduzir que a capacidade instalada dos sistemas de saneamento existentes no Brasil deveria corresponder, no mínimo, a duas vezes e meia o volume da demanda média diária atendida por esses mesmos sistemas[1].

O excesso de capacidade instalada de um sistema de saneamento impõe um ônus à sua viabilidade econômica e financeira. Esse ônus corresponde ao custo da ociosidade e aos custos das deficiências técnicas, principalmente as associadas às perdas. Esses custos serão analisados mais adiante, no Capítulo 4, nas seções "Custos de capacidade ociosa" (p. 63) e "Custos de deficiência e de ineficiência técnica de sistemas" (p. 64), respectivamente.

---

1. (Capacidade instalada)/(Volume da demanda média diária) = 100% (referente à demanda média diária) + 20% (referente à máxima demanda diária) + 50% (referente à máxima demanda horária) + (20% x 50%) referente à composição máxima diária x máxima horária + (43% /57%) referente às perdas + % variável (referente à margem mínima para expansão) = 255% + (% para expansão) > 2,5.

Para os fins do presente capítulo, todavia, é oportuno adiantar que os custos de deficiência técnica devidos às perdas podem ser evitados. Já os custos de ociosidade devidos às variações de demanda não podem ser evitados, mas podem, e devem, ser limitados para se evitar desperdícios de recursos.

> **IMPORTANTE:** Os sistemas típicos de esgotos sanitários reproduzem o mesmo padrão de capacidade ociosa que se verifica no caso dos sistemas de abastecimento de água, aos quais estão vinculados hidraulicamente, e pagam um ônus econômico similar por comportarem tal ociosidade.

Por outro lado, quando a capacidade instalada de um sistema é deficiente diante das demandas que lhe são exigidas, surgem as situações de racionamentos ou de desabastecimento, de uma forma contínua ou intermitente. A demanda não atendida por deficiência do sistema constitui a chamada *demanda reprimida*.

No caso do setor de saneamento, a ocorrência de demandas reprimidas significa privar pessoas do acesso a um benefício essencial, no que se refere à saúde. Isso implica prejuízos individuais e coletivos, uma vez que a saúde individual e a saúde pública são interconectadas. Por isso, como critério maior de gestão estratégica, a demanda reprimida é uma situação a ser evitada, em qualquer hipótese, no âmbito do setor de saneamento.

CURVAS DE DEMANDA

A Figura 3.3 mostra uma curva de demanda aplicável, genericamente, a um determinado bem ou serviço. A curva está referenciada a um par de eixos cartesianos. O eixo horizontal indica as quantidades disponíveis do bem ou serviço considerado. O eixo vertical indica os preços unitários que um consumidor estaria disposto a pagar pelas quantidades em questão.

A curva de demanda é uma expressão gráfica da lei de Marshall[2], que pode ser assim enunciada: *a demanda por um bem ou serviço é inversamente proporcional ao seu preço*.

---

2. Referência ao economista britânico Alfred Marshall.

A curva de demanda admite uma interpretação intuitiva, até porque descreve o comportamento humano comum. Num mundo de recursos escassos, qualquer pessoa estará disposta, em princípio, a adquirir quantidades maiores de um determinado bem se o seu preço (ou custo de aquisição) se reduzir. Inversamente, diante de um aumento de preço, a pessoa irá adquirir menor quantidade daquele bem. Isso significa que o consumidor atribui valores diferentes – na verdade decrescentes – para um mesmo bem ou serviço, à medida que puder dispor de quantidades cada vez mais abundantes desse bem ou serviço. Aplicam-se, aqui, as perguntas clássicas: *Quanto você pagaria por um copo de água no deserto? E pelo segundo copo? E pelo terceiro?*, e assim sucessivamente.

Em Economia, esse fato é reconhecido como *lei das utilidades marginais decrescentes*. O termo *marginal* (ou *à margem*) é sinônimo de *adicional* ou *incremental*. Refere-se, genericamente, às quantidades de recursos, bens ou serviços acrescidas a uma quantidade inicial desses mesmos recursos, bens ou serviços.

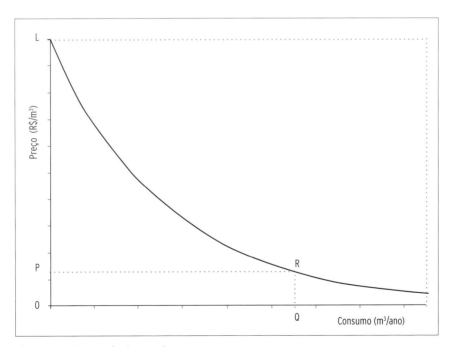

Figura 3.3: Curvas de demanda.

A curva de demanda também admite interpretação matemática: a área OQRL sob a curva compreendida entre o eixo vertical e a quantidade Q corresponde ao benefício ou utilidade associado ao consumo de Q unidades de um determinado bem[3].

Já a área do retângulo OQRP, definido pelo preço P e pela quantidade Q, representa o custo das Q unidades adquiridas pelo consumidor, ao preço P por unidade (Custo = P × Q). Da mesma forma, essa área também representa a receita financeira do fornecedor.

A área triangular PRL define um valor que é conhecido na literatura como *excedente do consumidor*. Representa a utilidade líquida que o consumidor aufere ao adquirir Q unidades de um determinado bem.

O excedente do consumidor também pode ser calculado diretamente pela diferença entre a utilidade e o custo de Q unidades de um determinado bem.

Cabe notar que as unidades de medida dos valores em uma curva de demanda são, normalmente, unidades monetárias (reais, dólares, euros, por exemplo). Apesar disso, o valor do excedente do consumidor não significa uma quantidade de dinheiro, mas sim uma utilidade, isto é, uma quantidade de bem-estar, medida em unidades monetárias. Por isso, o excedente do consumidor *não* constitui um *valor financeiro*, nem pode ser computado nas análises de viabilidade financeira. Em compensação, o excedente do consumidor constitui, *sim*, um *valor econômico* e, como tal, deve ser computado nas análises de viabilidade econômica.

> **IMPORTANTE:** O valor estimado para o excedente do consumidor costuma ser, normalmente, muito elevado no caso dos projetos de saneamento em geral. Isso não surpreende, considerando-se que esse valor excedente inclui benefícios vitais, como saúde, redução de mortalidade, preservação ambiental, e outros dessa natureza, que são propiciados pelos serviços sanitários. Por isso mesmo, a tarefa de se executar um projeto de saneamento que apresente viabilidade econômica não chega a ser uma tarefa exatamente desafiadora em termos de gestão, salvo em casos muito excepcionais, como no caso de pequenas comunidades situadas em regiões áridas, remotas e isoladas; ou quando tecnologias muito especiais são necessárias, como as de dessalinização de água do mar.

---

3. Essa área representa a integral da função de demanda em relação ao consumo.

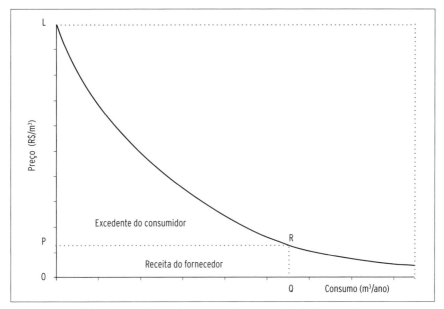

Figura 3.4: Utilidade, excedente do consumidor e receita do fornecedor.

Em compensação, a tarefa de executar um projeto de saneamento que apresente viabilidade financeira já não é fácil da mesma forma, mas, ao contrário, é desafiadora em termos de gestão estratégica. Isso porque os benefícios *financeiros* correspondentes dependem de tarifas limitadas pelo poder aquisitivo da população a ser atendida; e as tarifas, limitadas que são, devem ser suficientes para cobrir a totalidade dos custos financeiros do projeto, que costumam ser expressivos em qualquer situação.

ELASTICIDADE-PREÇO: O PERFIL DO CLIENTE

Nesta seção, procura-se evidenciar a relação existente entre o comportamento do consumidor dos serviços de saneamento, definido pelo seu padrão de consumo, e as tarifas adotadas pela empresa operadora dos serviços.

Considere-se uma alteração de preço incidente sobre um bem econômico, cuja curva de demanda corresponda à representada na Figura 3.5: o preço passa de P_0 para P_1. Em resposta à alteração do preço, o consumo do bem passa de Q_0 para Q_1.

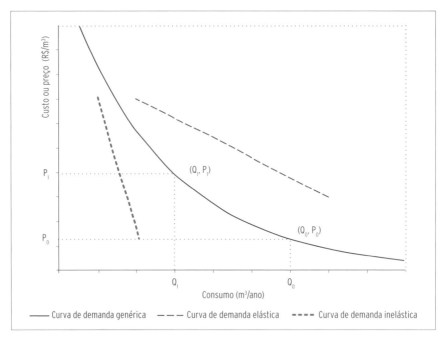

Figura 3.5: Elasticidade-preço.

É possível calcular, para essas variações de preço e consumo, um índice adimensional chamado *elasticidade-preço* (denotado pela letra "e"), de acordo com a seguinte fórmula:

$$e = (Q_0 - Q_1) \cdot (P_0 + P_1) / (Q_0 + Q_1) \cdot (P_0 - P_1) \qquad (3.1)$$

A elasticidade-preço significa a relação entre uma variação nos preços de um bem qualquer e a correspondente variação no consumo desse bem. Ela mede a sensibilidade do comportamento do consumo diante de impactos no valor dos preços. A elasticidade-preço é expressa, normalmente, em porcentagem ou em fração decimal.

O valor de "e" é negativo, significando a proporcionalidade inversa entre variações de preços e de consumos, conforme previsto na lei de Marshall, referida na seção anterior.

Valores de "e" acima de 1 (em módulo) constituem as chamadas *demandas elásticas*. Correspondem ao caso dos produtos supérfluos e/ou de fácil substituição. No caso de *demanda elástica*, um aumento de preços em uma dada proporção provocará redução de consumo numa proporção *maior* que a do aumento de preços. Quanto *maior* for o valor de "e", mais *elástica* será a demanda a que ele se refere.

Valores de "e" entre 0 e 1 (em módulo) constituem as chamadas *demandas inelásticas*. Correspondem ao caso dos produtos essenciais e/ou de difícil substituição. Em caso de *demanda inelástica*, um aumento de preços, em qualquer proporção, provocará redução de consumo numa proporção *menor* do que a do aumento de preços. Quanto *menor* for o valor de "e", mais *inelástica* será a demanda a que ele se refere.

A demanda é, normalmente, inelástica para os serviços de saneamento, porque estes constituem um bem essencial; o índice de elasticidade-preço para os serviços de saneamento, considerados em nível agregado, varia, geralmente, entre -0,1 e -0,3.

Estudos feitos pelo autor confirmaram um valor de elasticidade-preço dentro desse intervalo de referência no caso dos serviços de saneamento do estado do Paraná, quando considerados em nível agregado. Nesse caso, o valor encontrado foi de -0,2.

Considerado, porém, em nível desagregado, o comportamento da demanda por serviços de saneamento pode variar significativamente e apresentar diferentes graus de elasticidade, conforme o caso. Em outras palavras, as curvas de demanda por serviços de saneamento podem ser diferentes para clientes distintos. Os clientes apresentam *perfis de demanda* característicos, conforme sejam sensíveis aos preços, uns mais, outros menos.

Os grandes consumidores, em particular aqueles capazes de construir sistemas próprios de água e esgoto, por exemplo, podem apresentar índices de elasticidade próximos a 0,8, ou até maiores, em módulo – portanto, muito diferentes dos índices médios agregados do conjunto dos consumidores. Isso significa que, para os grandes consumidores, o produto considerado é essencial, porém o seu fornecedor é *substituível*. Logo, eles são *mais* sensíveis aos preços do que os outros consumidores típicos dos sistemas de saneamento (Alves et al., 2009).

Quanto à interpretação estratégica do significado desses valores de elasticidade:

- Uma elasticidade-preço igual a -0,2, por exemplo, significa que, no caso de um reajuste tarifário hipotético de 100%, a redução do consumo provocada por esse reajuste seria de apenas 20%. Tal reajuste hipotético não ofereceria riscos de redução de receitas para a empresa que decidisse implantá-lo.

- Já uma elasticidade-preço igual a -0,8, por exemplo, significa que, no caso de um reajuste tarifário hipotético de 100%, a redução do consumo provocada por esse reajuste seria de 80%. Tal reajuste hipotético ofereceria riscos de redução de receitas para a empresa que decidisse implantá-lo e, inclusive, de perda significativa de clientes importantes.

No que diz respeito à gestão estratégica, a *primeira conclusão relevante* a ser deduzida da presente análise tem a ver com o reconhecimento do grande poder financeiro que a inelasticidade conferiria ao gestor dos serviços de saneamento, se a ele fossem concedidas autonomia plena e autoridade para estabelecer o valor das suas próprias tarifas. O poder do gestor, aqui destacado, decorre da *essencialidade* do serviço prestado e, principalmente, de uma outra característica inerente ao setor de saneamento: ele constitui um *monopólio natural* em relação à maior parte dos seus clientes (assunto que será melhor discutido nos capítulos 8, 9 e 10).

A *segunda conclusão relevante* é que o poder do gestor, no sentido de impor os seus preços e as suas condições, é limitado em relação aos grandes consumidores e/ou a todos aqueles capazes de construir sistemas próprios de água e esgoto. Em relação a esses consumidores, o gestor enfrenta a concorrência do produto similar.

A *terceira conclusão relevante* é que, no caso do cliente sem medição de consumo de água, o seu custo marginal é zero e o seu consumo é máximo. De fato, o cliente não medido se deslocará sobre a sua respectiva curva de demanda para a direita, até onde esta intercepta o eixo horizontal do gráfico (ver Figuras 3.3 a 3.5). Isso ocorre porque, isento de medição, o cliente não percebe nenhum estímulo econômico para poupar água. Então, ele pagará um valor fixo para se manter conectado à rede, mas consumirá sem se impor restrições. Esse efeito parece explicar, ao menos em parte, as diferenças nas demandas de água que o Quadro 3.1 apresenta em relação aos valores globais do Brasil: o índice de medição do Rio de Janeiro é 27% menor e o seu consumo *per capita* médio é 52% maior.

A *quarta conclusão relevante* decorre das anteriores: é fundamental, para o gestor de um sistema de saneamento, conhecer os padrões de consumo dos diversos tipos de clientes aos quais atende, por meio do levantamento dos seus respectivos perfis de demanda – clientes residenciais, comerciais, industriais, grandes, pequenos ou carentes, para citar apenas alguns entre os vários tipos possíveis. A partir desse conhecimento, ele pode proceder à gestão da demanda de forma a maximizar os resultados econômicos e financeiros da operação do serviço, tanto para a empresa operadora quanto para os seus clientes, inclusive os mais pobres. Em relação à demanda dos clientes mais pobres, Haro dos Anjos Jr. (2009b; 2009c) propõe uma metodologia para medir a capacidade dos sistemas de saneamento como instrumentos de mitigação dos efeitos sociais provocados pela má distribuição de renda.

Uma observação oportuna refere-se à técnica de construção das curvas de demanda. Essas curvas são construídas por regressão, lançando-se em um gráfico cartesiano os valores observados no mercado, em termos de preços unitários, e respectivas quantidades demandadas. As curvas podem ser construídas em qualquer nível de agregação, incluindo, por exemplo, todos os clientes de uma empresa de saneamento, ou somente os seus maiores clientes, ou todos os clientes residenciais. Os pontos extremos dessas curvas de demanda são levantados, normalmente, em pesquisas de campo. Os preços praticados nas regiões não servidas pelos sistemas públicos de saneamento (preços praticados por operadores de caminhões tanque e/ou limpa-fossas) servem como uma indicação da disposição a pagar pelos benefícios do saneamento e do excedente do consumidor associado a esses benefícios.

GESTÃO DA DEMANDA DE CURTO PRAZO: ESTRATÉGIAS

As estratégias de gestão da demanda de curto prazo, conforme dito na seção "Objetivos e estratégias da gestão da demanda" (p. 34), devem atender ao objetivo de maximizar a eficiência da capacidade instalada existente, submetida às exigências imediatas e aos imprevistos de um serviço essencial que opera em regime de 24 horas por dia.

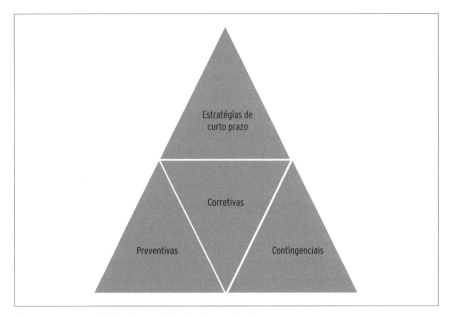

Figura 3.6: Estratégias de gestão da demanda de curto prazo.

As estratégias de gestão da demanda de curto prazo devem ser capazes, portanto, de evitar as situações tanto de falta quanto de excesso de capacidade instalada existente. Elas serão, por isso, estratégias operacionais focadas na gestão das unidades de produção e dos componentes do sistema. Essas estratégias devem compreender as intervenções preventivas, as corretivas e as contingenciais requeridas pela complexidade técnica da operação dos sistemas de saneamento.

As estratégias de natureza preventiva, se adequadamente planejadas e executadas, costumam ser eficientes no contexto da gestão da demanda de curto prazo. Elas incluem programas de inspeções, diagnósticos e manutenção de equipamentos, treinamentos de equipes e outros desse gênero. Elas são viáveis, quando bem planejadas e executadas, porque aumentam a confiabilidade, a segurança e a vida útil do sistema.

As estratégias de natureza corretiva incluem reformas e melhorias em geral, substituições programadas de equipamentos, aperfeiçoamentos tecnológicos nas instalações e outras desse gênero. Elas podem ser viáveis porque, quando bem planejadas e executadas, constituem-se em intervenções pontuais de baixo custo e altos retornos.

As *estratégias de natureza contingencial* constituem respostas ante a ocorrência de situações imprevistas, sinistros ou calamidades. Normalmente, significam prejuízos importantes para a operação. Ainda que, por definição, essas situações não possam ser previstas, algumas podem ser evitadas e muitas outras podem ter os seus impactos limitados se a empresa tiver seus planos de contingência devidamente preparados. Assim, embora a ação contingencial em si mesma signifique prejuízo, o plano de contingência previamente preparado para enfrentá-la pode significar um investimento de alto retorno.

Note-se que os princípios e os conceitos de *qualidade e desempenho*, conforme as normas ISO, séries 9.000, 14.000 e 24.500, são totalmente aplicáveis na gestão da demanda de curto prazo de um sistema de saneamento. Essas normas oferecem instrumentos ao gestor e à sua equipe para uma avaliação objetiva de desempenho, além de serem, em si mesmas, boas ferramentas de trabalho.

No final desta seção, é apresentada uma lista de exemplos de estratégias aplicáveis à gestão da demanda de curto prazo de um sistema de saneamento. Essa lista poderia ser, obviamente, muito mais extensa, mas foi abreviada por conveniência de concisão, considerando-se a finalidade didática deste livro.

As estratégias propostas estão devidamente associadas ao objetivo, já mencionado, de maximizar a eficiência da capacidade instalada existente, visando evitar as situações tanto de falta quanto de excesso de capacidade. Foram listadas, principalmente, estratégias de natureza corretiva, potencialmente de alta viabilidade. Elas constituem, normalmente, intervenções pontuais. A *teoria das restrições* explica o valor dessas intervenções. Nesse sentido, as estratégias indicadas poderiam ser comparadas a uma espécie de exercício de *"acupuntura econômica"* aplicada à capacidade instalada.

Estratégias de gestão da demanda de curto prazo: exemplos

As estratégias descritas a seguir, que são operacionais, foram agrupadas em função da unidade operacional à qual se aplicam (redes de distribuição de água, mananciais alternativos, instalações eletromecânicas e parque de hidrômetros). Foi reservada uma subseção para cada unidade, na qual são destacadas as características do comportamento econômico da unidade em questão e as estratégias aplicáveis a ela para fins de gestão da demanda de curto prazo.

Estratégias operacionais para a gestão das redes de distribuição de água

1. **Características:** a rede de distribuição de água representa, ordinariamente, mais de 50% do valor dos ativos de uma empresa de saneamento e concentra mais de 90% das ocorrências de perdas de água tratada. As perdas de água nos sistemas de saneamento do Brasil significam um prejuízo anual de pelo menos R$ 3 bilhões, conforme será mostrado no Capítulo 4, na seção "Custos de deficiência e de ineficiência técnica de sistemas" (p. 64). Por outro lado, a rede típica teria condições hidráulicas de transportar, no mínimo, 150% a mais de água em relação à sua demanda média diária, como demonstrado na seção "Demanda e capacidade instalada" deste capítulo (p. 35). Apesar disso, novas redes são implantadas nas cidades, quase o tempo todo, para reforçar as antigas, nos setores que sofrem adensamento, devido às construções de novos edifícios, de shopping centers e de indústrias. A rede típica sofre *hipertensão*. Ao se reduzir a pressão de um trecho de rede em quatro vezes (de 40 para 10 mca, por exemplo), é possível reduzir à metade as perdas por vazamentos naquele trecho, conforme a lei física de Torricelli.

2. **Estratégias:** I) IMPLANTAÇÃO de programas de gestão de perdas, utilizando tecnologias adequadas e alta capacidade gerencial; II) IMPLANTAÇÃO de sistema de controle monitorado da distribuição (sensores, alarmes, atuadores, válvulas redutoras de pressão, centrais de controle e supervisão) – *custo:* 0,5% a 1% do valor da rede a ser monitorada, *benefício*: taxa interna de retorno financeiro pode chegar a 1.000% ao ano; III) SUBSTITUIÇÃO de obras de ampliação de rede por contratos de aplicação de tarifas horossazonais junto aos grandes clientes – *custo*: zero, *benefício*: o valor das obras evitadas. (Ver capítulo 6, seção "Tarifas horárias e sazonais", p. 108).

Estratégias operacionais para a gestão de mananciais de emergência

1. **Características:** a escassez de mananciais de água torna cada vez mais caras as operações de captação e adução. Em contrapartida, muitas cidades dispõem de condições viáveis de aproveitamento de mananciais alternativos, via perfuração de poços, embora em escalas bastante limitadas e localizadas. Esses mananciais alternativos têm sido explorados, às vezes sem critérios técnicos ou ambientais, por grandes consumidores que, primeiro, evadiram-se das empresas de saneamento e, depois, privaram-nas de uma fonte estratégica de manancial.

2. **Estratégias**: I) Obter outorga de exploração das fontes alternativas, utilizando-as como mananciais de emergência, ou se viável, suplementares – *custo e benefício*: avaliar caso a caso; II) Oferecer para os grandes consumidores, que já possuem fontes próprias, contratos de exploração dessas fontes, com direito a utilizar a sua produção excedente – *custo* e *benefício*: avaliar caso a caso.

Estratégias operacionais para a gestão da energia

1. **Características**: a energia constitui um recurso escasso e caro. O saneamento é um setor estrategicamente dependente de energia, como insumo do qual faz uso intensivo. São comuns, em muitos sistemas de saneamento, instalações elétricas de baixo rendimento energético, que consomem até 25% de energia desnecessariamente – de uma forma, portanto, absolutamente inútil.
2. **Estratégias**: I) Executar projetos de eficientização energética, inclusive de substituição de equipamentos ineficientes – *custo*: variável, *benefício*: variável, mas pode ocorrer no espaço de poucos meses, conforme a escala do projeto II) Revisar periodicamente os contratos de fornecimento com a empresa distribuidora de energia – *custo*: variável, *benefício*: variável, mas significativo; III) Implantar instalações de geração de energia própria para operar em horários de ponta – *custo*: variável, *benefício*: variável, mas pode ocorrer no espaço de poucos meses, conforme a escala do projeto.

Estratégias operacionais para a gestão do parque de hidrômetros

1. **Características**: muitas empresas de saneamento dependem de medidores de consumos que provocam perdas expressivas nas suas receitas por falta de precisão métrica e por deficiências de tecnologia. Essas perdas significam aproximadamente 2 bilhões de reais por ano no Brasil. O controle e a redução das perdas de medição exigem estratégias de gestão aplicadas ao parque de hidrômetros, baseadas no conhecimento dos diferentes perfis de consumo dos clientes atendidos pelo sistema (Nielsen et al, 2003).
2. **Estratégias**: I) criar um sistema de gestão do parque de hidrômetros – *custo* e *benefício*: avaliar em conjunto com a intervenção seguinte; II) implantar programa permanente de atualização dos medidores – *custo* e *benefício*: cabe avaliar, mas será excepcionalmente alto. No caso de algumas empresas específicas, este programa poderia ser suficiente para resolver os seus problemas de solvência num horizonte de curto prazo.

GESTÃO DA DEMANDA DE LONGO PRAZO: ESTRATÉGIAS

As estratégias de gestão da demanda de longo prazo, conforme dito na seção "Objetivos e estratégias de gestão da demanda" (p. 34), devem atender ao objetivo de influenciar o próprio comportamento da demanda, em reconhecimento ao fato de que as demandas futuras não são inevitáveis, mas resultados de decisões que podemos propor e estimular. Essas estratégias devem ser capazes, portanto, de oferecer estímulos aos clientes, adequados aos respectivos perfis de demanda (ver seção "Curvas de demanda", p. 38), para que estes mantenham os seus padrões de consumo dentro de limites que permitam a operação do sistema em níveis ótimos de eficiência. As estratégias de longo prazo são, por isso, focadas no cliente.

Existem, naturalmente, muitas estratégias focadas no cliente possíveis de serem adotadas por uma empresa de saneamento, visando estimular padrões de consumo dentro de limites ótimos para a operação do seu sistema. As orientações e referências das normas ISO 9.001 (ABNT, 2009) são totalmente aplicáveis na elaboração e implementação dessas estratégias. Estas, se bem conduzidas, ajudam a reduzir a imprevisibilidade associada às demandas futuras e, portanto, a reduzir os custos a longo prazo; facilitam a programação dos investimentos de expansão de capacidade; e aproximam a gestão da empresa e os seus clientes, com vantagens para ambas as partes.

Apresenta-se, a seguir, uma lista contendo exemplos de estratégias aplicáveis à gestão da demanda de longo prazo de um sistema de saneamento. As estratégias propostas estão devidamente associadas ao objetivo de influenciar o comportamento da demanda para que os clientes mantenham os seus padrões de consumo dentro de limites que permitam a operação do sistema em níveis ótimos de eficiência.

Estratégias de gestão da demanda de longo prazo: exemplos

As estratégias listadas a seguir foram agrupadas em função do tipo de cliente ao qual se aplicam (grandes consumidores industriais; grandes condomínios; cliente social; cliente residencial padrão; e clientes governamentais). Foi reservada uma subseção para cada tipo de cliente, na qual é desta-

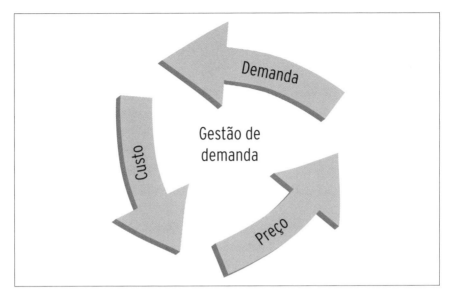

Figura 3.7: Estratégias de gestão da demanda de longo prazo.

cado o seu respectivo perfil de demanda e são indicadas as estratégias aplicáveis a ele para fins de gestão da demanda de longo prazo. São poucos exemplos, dentre os inúmeros possíveis, mas suficientes para fins didáticos de ilustração.

Estratégias para a gestão da demanda de grandes consumidores industriais

1. **Perfil de demanda**: a demanda dos grandes consumidores industriais é mais sensível ao preço do que a dos demais consumidores (ver seção "Elasticidade-preço: o perfil do cliente", p. 41). Esses consumidores concentram aproximadamente 25% da receita total de uma empresa de saneamento típica, embora representem não mais que 4% do seu número total de clientes. Para os grandes consumidores industriais, em certas situações, pode ser viável construir sistemas próprios de água e esgoto, a menos que a empresa local de saneamento lhes ofereça preços competitivos. Já para a empresa de saneamento, o suprimento de água para grandes consumidores reduz os seus custos de ociosidade. Esses custos serão ainda mais reduzidos se a demanda for concentrada exclusivamente em horários predeterminados contratualmente – em horários noturnos, por exemplo.

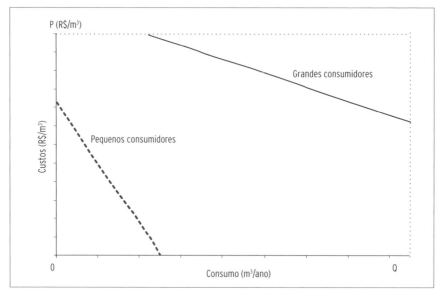

Figura 3.8: Sensibilidade a preços de pequenos e grandes consumidores.

2. **Estratégias:** I) ESTABELECER contratos de demanda com tarifação horária e com preço reduzido para abastecimento noturno. Isso não significa um desconto real, mas sim a venda de capacidade ociosa. Ver seção "Tarifas horárias e sazonais" (p. 108). II) ASSUMIR a construção e a operação de sistemas de saneamento *intraplanta* na forma de instalações dedicadas, exclusivas para o cliente industrial. As tarifas, nesses casos, são livremente negociadas entre as partes.

Estratégias para a gestão da demanda de grandes condomínios

1. **Perfil de demanda**: a demanda dos edifícios de apartamentos é menos sensível ao preço que a dos consumidores industriais, porém é mais sensível que a dos demais consumidores residenciais. Isso porque eles formam uma categoria singular; em termos comerciais, eles não são exatamente grandes consumidores, mas, sim, grandes agrupamentos de pequenos consumidores. Estes também poderão optar por fontes próprias de abastecimento, embora essa alternativa não lhes seja tão viável financeiramente e ainda ofereça riscos sanitários. Esses clientes dispõem, normalmente, de grande capacidade instalada de reserva de água.

Essa capacidade, pertencente ao cliente, é um recurso ocioso que pode ser transformado em valor, conforme se explica mais adiante.

2. **Estratégia**: ESTABELECER contratos de demanda com tarifação horária, com preço reduzido para abastecimento noturno. As vantagens mútuas, para a empresa operadora e para o cliente, são as mesmas que se aplicam ao caso do cliente industrial. É possível incluir a capacidade dos reservatórios desses clientes no gerenciamento hidráulico das redes públicas de distribuição. Isso é possível de se fazer empregando tecnologias de monitoramento e controle a distância. Ver observação técnica sobre esse assunto a seguir.

IMPORTANTE (sobre o *valor oculto do reservatório do cliente*): contratos de demanda com tarifação horária podem ser altamente viáveis quando estabelecidos com clientes situados em áreas urbanas e/ou de abastecimento crítico. Isso porque esses clientes dispõem, normalmente, de grande capacidade instalada de reserva própria.

Ao simplesmente deslocarem os seus consumos para o horário noturno (quando reabastecem os seus reservatórios), esses clientes transferem uma *dupla vantagem econômica* para a empresa de saneamento, mas sem prejuízos para si próprios. Primeiro, porque viabilizam o adiamento de obras de ampliação da rede de distribuição, devido à redução da demanda do sistema nos horários de ponta; e, segundo, porque viabilizam o adiamento de obras de ampliação dos reservatórios do sistema da própria empresa operadora, já que uma parte da função de armazenamento do sistema público é transferida para o (ou compensada pelo) reservatório do próprio cliente — sem ônus para a empresa operadora e sem ônus para o cliente.

Cabe registrar que os pequenos reservatórios das residências também ajudam a melhorar a eficiência hidráulica e econômica de uma rede de distribuição. Estes serão discutidos mais adiante, na seção dedicada ao cliente residencial padrão.

Estratégias para a gestão da demanda de clientes sociais

1. **Perfil de demanda**: a extensão dos serviços de saneamento aos mais pobres significa um benefício para a sociedade como um todo, e não apenas para a popu-

lação de baixa renda, afetada diretamente pelos serviços em questão. Mas, reciprocamente, o custo de fornecer os serviços de saneamento aos mais pobres significará um ônus à sociedade toda, e não apenas para a população diretamente afetada. Do ponto de vista do gestor dos serviços de saneamento, o desafio de atender à população carente é, claramente, o de viabilizar transferências de recursos entre grupos sociais diferentes. Os dados disponíveis sobre as companhias estaduais de saneamento do Brasil sugerem que esses subsídios cruzados deveriam ser da ordem de 5% da receita tarifária total para beneficiar 10% da população total (os mais pobres).

2. **Estratégias**: I) ESTABELECER uma política tarifária que promova a transferência de recursos da população mais abastada para a população carente (sistema de subsídios cruzados e tarifas sociais); II) LIMITAR o volume dos recursos que formam os subsídios cruzados ao mínimo possível para evitar injustiças sociais e desperdícios de recursos; III) CRIAR E GERENCIAR um cadastro dos clientes carentes (*Cadastro social*). A gestão do cadastro social tem valor estratégico por ser vulnerável a manipulações políticas e fraudes, além de exigir competências gerenciais, estatísticas e de auditoria para se manter atualizado. A permanência de um nome nesse cadastro deve ser condicionada à comprovação da permanência do beneficiário correspondente na condição de pobreza.

Estratégias para a gestão da demanda do cliente residencial padrão

1. **Perfil de demanda**: o cliente residencial padrão é responsável por 80 a 90% dos volumes totais de água fornecida e de esgoto coletado por uma empresa de saneamento típica e contribui com aproximadamente 70 a 75% da sua receita total. O seu consumo médio mensal varia entre 12 e 18 metros cúbicos por mês, por habitação, no Brasil, o que corresponde a um consumo *per capita* em torno de 150 litros por dia. Esse cliente é pouco sensível a preço (tem baixa elasticidade-preço). As empresas de saneamento brasileiras costumam cobrar um valor mínimo na conta mensal dos seus clientes, normalmente vinculada ao direito de consumir um volume mensal mínimo de serviços de água e esgoto – em geral 10 metros cúbicos. Essa disposição tarifária é objeto de reclamações eventuais da parte dos clientes que consomem menos do que esse volume mínimo. Em compensação, há registros de poucas reclamações quanto ao fato de que o cliente residencial padrão subsidia o cliente social. Clientes que não têm os seus consumos medidos pagam

uma taxa fixa pelos serviços. Estes consomem, na média, significativamente bem mais do que os que têm seus consumos medidos: chegam a consumir o dobro ou o triplo, em algumas situações.

2. **Estratégias:** I) MANTER o conceito da cobrança de valor mínimo na conta mensal do cliente. Ele é justificável porque significa o valor da disponibilidade do serviço 24 horas por dia, independentemente do consumo real do cliente. Essa disponibilidade obriga o sistema de saneamento a operar com custos fixos elevados. E esse custo fixo é máximo (e não nulo, absolutamente) no caso do atendimento ao cliente cujo consumo é nulo. As cidades e estações de veraneio são, por isso mesmo, as responsáveis pelos maiores prejuízos das companhias de saneamento; II) ADOTAR política de medir 100% dos consumos de todos os clientes para desestimular desperdícios e impactos ambientais, e também para preservar a capacidade instalada existente do sistema; III) ADOTAR sistema de tarifas progressivas, crescentes (estrutura de blocos crescentes), em relação ao volume consumido. A tarifa do consumo residencial excedente a um certo volume – 25 a 30 metros cúbicos mensais por habitação, por exemplo – deveria, idealmente, servir para desestimular consumos adicionais (marginais). Além de ter efeitos educativos e ambientais, essa disposição tarifária contribui para a equidade social ao gerar recursos para os subsídios cruzados destinados aos clientes sociais, a partir de consumos supérfluos ou evitáveis; IV) ESTIMULAR, OU EXIGIR, que todos os clientes residenciais instalem reservatórios próprios (com volume mínimo de 250 litros para uma pequena residência). Com a adoção generalizada de reservatórios residenciais, as oscilações horárias de demanda se reduzem, e as redes de distribuição podem operar com menores custos de ociosidade.

Estratégias para a gestão da demanda de clientes governamentais

1. **Perfil de demanda:** os clientes governamentais de uma empresa de saneamento são capazes de afetar criticamente a demanda total e o fluxo de caixa dessa empresa. Qualquer inadimplência, eventual ou crônica, de um órgão público será significativa se corresponder, por exemplo, às demandas de grandes instituições, tais como hospitais, escolas, universidades, penitenciárias, sedes de governo, departamentos de limpeza pública ou outras dessa ordem. A vulnerabilidade da empresa de saneamento é máxima na sua relação com o cliente governamental. Normalmente, ela não dispõe de poderes para suspender o fornecimento a ór-

gãos governamentais inadimplentes e enfrenta dificuldade política em executar dívidas de órgãos públicos.
2. **Estratégias**: I) IMPLANTAR mecanismos de encontros de contas com órgãos públicos. Encontros de contas entre instituições públicas e/ou privadas são mecanismos pelos quais os seus débitos e créditos mútuos podem ser cancelados escrituralmente, sem necessidade de transferências de fundos entre eles. Esse mecanismo pode ser parte de uma estratégia maior de gestão de fluxo de caixa, no âmbito de uma empresa de saneamento. Por meio de mecanismos de encontros de contas, as companhias de saneamento podem receber, em troca de serviços prestados para os órgãos públicos, a quitação dos seus tributos municipais e estaduais, serviços de pavimentação de vias e de aberturas de valas, usufruto de imóveis, entre muitas outras formas de compensação e ressarcimento; II) ORGANIZAR a gestão estratégica das obrigações regulatórias de um serviço de saneamento, que pode resolver, além de outros problemas, eventuais inadimplências de órgãos governamentais; III) ORGANIZAR a gestão estratégica da carteira de contratos de concessão (ou de contratos de programa) da empresa de saneamento, que deve ser tratada como parte de uma estratégia maior de gestão da demanda de longo prazo. Isso porque, no decorrer da vigência de um contrato, as mudanças de conjuntura podem alterar o equilíbrio econômico e financeiro entre as partes contratantes, a ponto de inviabilizar a operação dos serviços. A gestão do contrato pressupõe uma ação administrativa contínua, além de equipes dedicadas de planejamento, auditorias de rotina, atualizações periódicas de análises jurídicas, contábeis, financeiras e outras. Pressupõe, inclusive, renegociações preventivas do contrato para evitar a necessidade de realizá-las em situação crítica, de insolvência.

EXERCÍCIOS

1. Indique pelo menos dois objetivos estratégicos que devem ser contemplados no exercício da gestão da demanda de qualquer serviço de saneamento.
2. Os objetivos estratégicos contemplados na gestão da demanda de um serviço de saneamento são diferentes nas perspectivas de curto e de longo prazos? Justifique.
3. Com base em sua experiência e seu conhecimento, proponha uma estratégia de gestão de demanda possível de ser aplicada no âmbito de uma companhia esta-

dual de saneamento, considerando-se um horizonte de longo prazo. Explique o objetivo e justifique economicamente a sua proposta.
4. Com base em sua experiência e seu conhecimento, proponha uma estratégia de gestão de demanda de curto prazo, possível de ser aplicada no âmbito de uma companhia estadual de saneamento, considerando-se um horizonte de curto prazo. Explique o objetivo e justifique economicamente a sua proposta.

4 Gestão de custos de sistemas de saneamento

INTRODUÇÃO

Neste capítulo serão analisados os custos típicos mais relevantes do setor de saneamento sob uma perspectiva gerencial. Os objetivos e as estratégias da gestão de custos de sistemas de saneamento serão apresentados de uma forma ampla.

Conforme explicado anteriormente (ver Capítulo 1, Conceitos básicos), existe uma variedade ilimitada de custos atribuíveis a um mesmo objeto, mas é da responsabilidade do gestor fazer a interpretação adequada dos custos sujeitos às suas decisões.

A estrutura dos custos gerenciais no saneamento é descrito segundo o modelo proposto no Quadro 4.1: custos fixos, custos variáveis e custos de deficiência de capacidade. Os desdobramentos desses custos serão descritos da mesma forma. Assim, por exemplo, os custos de capacidade instalada serão desdobrados em custos de capacidade produtiva e de capacidade ociosa – os quais, por sua vez, serão novamente desdobrados para fins de descrição e análise, segundo o modelo proposto no Quadro 4.1.

A cadeia de formação de custos de um sistema de saneamento será apresentada como uma ferramenta gerencial, tendo em vista que a sua correta avaliação serve para medir a eficiência da operação e também para apoiar os processos de decisão estratégica dos executivos. Os custos ambientais serão apresentados como externalidades típicas dos sistemas de saneamento.

Finalmente, o custo incremental médio de longo prazo (CIMLP) será explicado como um importante instrumento auxiliar de planejamento, uma vez que ele pode indicar o grau de eficiência de um projeto, na perspectiva de longo prazo.

Quadro 4.1: Estrutura dos custos gerenciais no saneamento

CUSTOS FIXOS 60 a 70%	Custos de capacidade instalada 50 a 60%		**CUSTOS DE CAPACIDADE PRODUTIVA** 20 a 50%	
		Custos de capacidade ociosa 20 a 50%	Custos das demandas futuras	
			Custos horários	
			Custos sazonais	de demanda
				dos mananciais
	Custos adm. e comerciais 10 a 20%		Pessoal técnico e operacional	
			Pessoal administrativo	
			Outros	
CUSTOS VARIÁVEIS 30 a 40%	Custos adm. e comerciais -5 a +10%		Faturamento e cobrança	
			Inadimplência	
			Perdas não físicas de faturamento (*)	
	Custo de produção 30 a 40%		Perdas não físicas de medição	
			Perdas físicas ou reais	
			Energia	
			Produtos químicos	
			Pessoal operacional	
CUSTOS DE DEFICIÊNCIA DE CAPACIDADE (OU DE DEMANDA REPRIMIDA)				0 a 10%

* Perdas não físicas de faturamento podem ser negativas: os usuários podem pagar por volumes faturados não consumidos, conforme mostra o Capítulo 6.

OBJETIVOS E ESTRATÉGIAS DA GESTÃO DE CUSTOS

O objetivo geral, contemplado pela gestão de custos de um sistema, é simplesmente o de maximizar os benefícios líquidos (econômicos e financeiros) gerados por esse sistema.

Em termos mais específicos, a gestão de custos contempla o objetivo estratégico de identificar e atuar sobre as conexões de causa e efeito que existem entre as decisões gerenciais e os diversos tipos de custos que ocorrem no âmbito do setor de saneamento. Isso porque, de alguma forma, todos os custos são reflexos de decisões gerenciais, mesmo que na prática nem sempre sejam imediatamente evidentes as relações de causa e efeito entre uma dada decisão e os custos que ela gera.

Nesse sentido, as estratégias de que a gestão de custos pode se valer são várias, entre as quais se relacionam as seguintes:

- *Identificação dos custos típicos do setor*: os custos fixos, os variáveis, os de ociosidade, os de deficiência e de ineficiência, o custo médio de longo prazo, e outros, têm um comportamento bem definido, previsível, e podem, por isso, ser submetidos a controle gerencial.

- *Identificação das cadeias de formação de custos*: o gestor procura conhecer e determinar as cadeias de formação de custos dos seus produtos, empregando técnicas de custeio adequadas, como as que são apresentadas na seção "Cadeias de formação de custos" (p. 66), e adquire, dessa forma, a capacidade de atuar diretamente nas causas geradoras de cada custo específico.

- *Estratégias de gestão da demanda, de investimentos e de políticas tarifárias*: essas estratégias, que são analisadas nos demais capítulos deste livro, são necessariamente compatibilizáveis com as estratégias de gestão de custos, apresentadas no presente capítulo.

CUSTOS FIXOS, VARIÁVEIS, MÉDIOS E MARGINAIS

A Figura 4.1, a seguir, representa o comportamento típico dos custos de saneamento em relação aos volumes produzidos. Os custos médios resultam do quociente entre os custos totais e o volume de produção. O custo marginal significa o custo da última unidade produzida, sendo definido, matematicamente, como a derivada dos custos totais em relação aos volumes produzidos.

Nota-se na Figura 4.1 que os custos fixos (os que não variam com o nível de produção) predominam em relação aos demais. Eles representam uma parcela de 60 a 70% dos custos totais de um sistema de saneamento típico. Os custos fixos compreendem a maior parte dos custos administrativos e comerciais e mais os custos de capacidade instalada – tanto ociosa quanto produtiva.

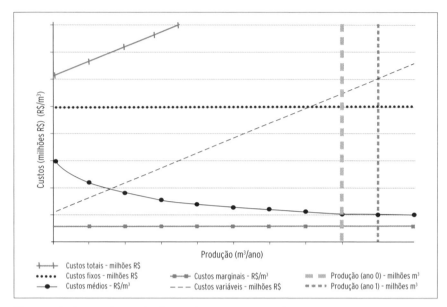

Figura 4.1: Comportamento dos custos no saneamento.

É oportuno destacar que o conceito de custo fixo está necessariamente associado à perspectiva de curto prazo. Isso porque, em longo prazo, não há, rigorosamente, custos fixos. Supõe-se que, dado um prazo suficientemente longo, o gestor poderá dispor do tempo necessário para ajustar capital, tecnologia e recursos humanos a qualquer nível de demanda, alterando a composição e o valor da sua capacidade instalada e, portanto, de todos os custos sujeitos às suas decisões.

Nesse contexto, as decisões referentes aos investimentos em ampliação de capacidade instalada são altamente estratégicas. Isso porque, uma vez tomada uma decisão de investimentos dessa natureza, os seus custos correspondentes irão se transformar nos custos fixos dos anos seguintes. O gestor necessitará, então, de ferramentas analíticas para determinar a escala ótima da sua capacidade instalada, correspondente ao custo mínimo possível. Em vista dessa necessidade, o Capítulo 7 apresenta um método de otimização de investimentos em saneamento.

Já os custos variáveis são aqueles proporcionais aos níveis de produção. No caso do setor de saneamento, os custos variáveis predominantes são associados ao consumo de energia e de produtos químicos e às perdas –

tanto as reais quanto as aparentes. Quanto às perdas, elas geram uma parte dos custos de produção e serão analisadas adiante, na seção "Custos de deficiência e de ineficiência técnica de sistemas" (p. 64).

CUSTOS DE CAPACIDADE OCIOSA

Os custos de capacidade ociosa, conforme o modelo proposto no Quadro 4.1, são formados pelos custos de demandas futuras, pelos custos horários e pelos custos sazonais.

Os custos associados às demandas futuras correspondem ao valor dos recursos imobilizados na capacidade instalada existente, que permanecerão sem uso enquanto a demanda esperada não se materializar. No caso dos sistemas superdimensionados, essa demanda futura não se materializará nunca. A estratégia gerencial adequada para se evitar o superdimensionamento será devidamente apreciada no Capítulo 5.

Quanto aos custos horários e aos custos sazonais, mostrou-se, no Capítulo 3, que as flutuações da demanda ao longo do tempo impõem a necessidade de se operar os sistemas de saneamento com uma capacidade excedente em relação à demanda média. Essa capacidade excedente, embora seja tecnicamente justificável, ainda significa ociosidade e, portanto, gera custos de ociosidade também. Em outras palavras, a capacidade excedente necessária para compensar as flutuações da demanda gera os custos de ociosidade, chamados custos horários e custos sazonais.

No Capítulo 3 também foram propostas estratégias de gestão de demanda capazes de reduzir os custos horários e sazonais. Na perspectiva de curto prazo, as ações propostas buscam maximizar a eficiência da capacidade instalada existente. Na perspectiva de longo prazo, as estratégias recomendadas buscam influenciar o próprio comportamento do cliente, visando reduzir as incertezas quanto ao comportamento da demanda no futuro.

As estratégias listadas no Capítulo 3, na seção "Estratégias para a gestão da demanda do cliente residencial padrão", p. 54, têm a sua aplicabilidade sujeita, naturalmente, a avaliações caso a caso. Uma das propostas, porém, merece ser repetida aqui por ser aplicável em praticamente qualquer situação, com efeitos significativos de redução de custos horários e sazonais nos sistemas de saneamento:

[...] ESTIMULAR, OU EXIGIR, que todos os clientes residenciais instalem reservatórios próprios (com volume mínimo de 250 litros para uma pequena residência). Com a adoção generalizada de reservatórios residenciais, as oscilações horárias de demanda se reduzem e as redes de distribuição podem operar com menores custos de ociosidade.

Um sistema de saneamento pode suportar custos sazonais causados não só pela demanda, mas também pela oferta de água. Estes são os *custos sazonais dos mananciais* ou *custos sazonais de oferta*. Esse tipo de custo ocorre, por exemplo, no caso dos sistemas que dependem de mananciais vulneráveis às estações secas. Esses sistemas exploram, tipicamente, um manancial principal durante as estações úmidas (formado por rio e/ou represa e/ou uma bateria de poços, por exemplo), mas, durante as estações secas, são obrigados a complementar a produção desse manancial recorrendo a fontes mais distantes e mais caras. As fontes complementares são exploradas por meio dos chamados *sistemas de reforço* ou *de emergência*[1]. O transporte e o tratamento da água procedente das fontes complementares geram custos sazonais associados ao comportamento dos mananciais. São, por isso, denominados aqui custos sazonais dos mananciais.

No Capítulo 6, na seção "Tarifas horárias e sazonais" (p. 108), essa questão será complementada mediante a apresentação de um modelo de tarifação aplicável ao setor de saneamento. A ideia lá apresentada baseia-se no princípio de transferir ao usuário o valor da sazonalidade do sistema, desestimulando, por meio de preços bem calculados, o consumo excessivo quando a água se torna eventualmente escassa; mas, em compensação, estimulando o uso do sistema quando este tende a se tornar ocioso por falta de demanda e/ou por excesso de capacidade instalada.

CUSTOS DE DEFICIÊNCIA E DE INEFICIÊNCIA TÉCNICA DE SISTEMAS

Os *custos de deficiência de capacidade instalada* também são chamados de *custos de demanda reprimida*. Estes são associados às ocorrências de raciona-

---

1. No limite extremo, os sistemas de reforço são constituídos por meio da operação de uma frota de caminhões tanque, complementada com estações de tratamento de campanha.

mento ou de desabastecimento e ocorrem cada vez que a demanda supera a capacidade instalada – de uma forma contínua ou intermitente. Significam uma perda de receita financeira para a empresa de saneamento e, ao mesmo tempo, uma perda econômica para a sociedade como um todo e para os clientes do sistema em particular.

No caso do setor de saneamento, a demanda reprimida significa privar pessoas do acesso a um benefício essencial no que diz respeito à saúde. São altos custos, socialmente inaceitáveis. Por isso, como critério de gestão estratégica, os custos de deficiência devem, a princípio, ser evitados no setor de saneamento; não simplesmente reduzidos, ou minimizados, mas evitados.

Quantos aos *custos de ineficiência técnica*, também chamados de *custos de perdas*, estes são os custos evitáveis causados pelo desperdício de recursos no processo produtivo. Referem-se às perdas físicas ou reais e às perdas não físicas ou aparentes. Estas, por sua vez, desdobram-se em perdas de medição e perdas de faturamento, conforme mostrado no Quadro 4.1. As primeiras devem-se a erros e falhas na tecnologia e na gestão dos medidores de água, e podem representar 30 a 50% do custo total de todas as perdas (ainda que, em volumes, elas representem uma proporção menor). O controle e a redução das perdas de medição exigem estratégias de gestão aplicadas ao parque de hidrômetros, baseadas no conhecimento dos diferentes perfis de consumo dos clientes atendidos pelo sistema (Nielsen et al, 2003).

Já as perdas de faturamento costumam ser perdas negativas, portanto, favoráveis à empresa de saneamento. Estas ocorrem devido à aplicação de estruturas binárias de tarifação. Ver Capítulo 6, p. 103, Figuras 6.4(g), 6.4(h) e 6.4(i). Os usuários podem, eventualmente, pagar por volumes faturados não consumidos. A diferença entre o volume faturado e o volume real consumido é contabilizada como uma perda negativa de água em favor da empresa de saneamento. Essa perda negativa é justificável economicamente porque ela cobre, na verdade, uma parcela dos custos fixos do sistema associados à disponibilização do serviço, durante 24 horas por dia. Essas perdas negativas representaram 6% do faturamento total dos sistemas de saneamento do Brasil em 2007 (PMSS, 2009).

Os custos anuais das perdas do setor de saneamento do Brasil podem ser estimados em pelo menos R$ 3 bilhões, aplicando-se os parâmetros calculados no Quadro 4.4 (p. 74) aos dados do PMSS (2009). Além desses custos, ainda cabe considerar uma perda de receita de mais R$ 4 bilhões, causada pelos volumes não faturados por efeito das perdas de medição (ou submedição).

> **IMPORTANTE:** As perdas do setor de saneamento do Brasil significam custos anuais da ordem de R$ 3 bilhões de reais. Além disso, provocam ainda uma perda de receita da ordem de R$ 4 bilhões. Para comparar: o setor não conseguiu investir mais do que R$ 4,1 bilhões ao ano durante o período de 2001 a 2007.

Os custos mencionados nesta seção ("custos de deficiência e de ineficiência técnica de sistemas") exigem abordagens integradas para serem devidamente compreendidos e, em última instância, submetidos ao controle gerencial. Em outras palavras, esses custos são efeitos das decisões de nível estratégico.

Os custos de deficiência técnica, por exemplo, são resultados das estratégias de gestão de demanda de curto e de longo prazos (essas estratégias foram devidamente discutidas no Capítulo 3). Já os custos de ineficiência resultam de uma combinação complexa de fatores técnicos e gerenciais. As ações estratégicas propostas no Capítulo 3, na seção "Gestão da demanda de curto prazo: estratégias", são aplicáveis para reduzi-los, porque implicam no uso mais eficiente da capacidade instalada.

CADEIAS DE FORMAÇÃO DE CUSTOS

A análise da cadeia de formação de custos de um sistema pode ser empregada como ferramenta gerencial, tendo em vista que serve para medir a eficiência da operação e para apoiar os processos de decisão estratégica dos executivos.

As cadeias de formação de custos podem ser construídas utilizando-se o sistema de custeio Activity Based Costing (ABC), proposto por Kaplan e Cooper (1997), e revisto por Kaplan e Anderson (2007).

A cadeia dos custos de um sistema de saneamento revela o comportamento dos mecanismos formadores desses custos de uma forma desagregada, mas cumulativa, desde a captação da água dos mananciais, passando pela distribuição aos consumidores finais até o seu lançamento de volta ao meio ambiente na forma de esgotos tratados.

Os valores indicados na Figura 4.2 são os *custos nodais agregados* de um sistema teórico representativo do conjunto dos sistemas de abastecimento de água operados pelas companhias estaduais de saneamento do Brasil, no ano de 2004, quando esses sistemas atendiam, no total, a 26,5 milhões de ligações de água (Haro dos Anjos, 2007).

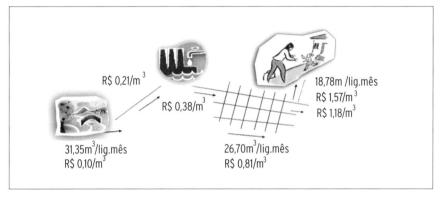

Figura 4.2: Abastecimento de água: formação de custos – Brasil, 2004.
Fonte: Haro dos Anjos, 2007.

O *custo nodal agregado* de um elo qualquer da cadeia modelada, por sua vez, é definido como o ônus total que esse elo impõe ao sistema. Inclui os *custos pontuais*, isto é, aqueles gerados no próprio elo, mais os custos causados pelo elo a montante da cadeia de custos.

Dessa forma, alguns dos custos que ocorrem a montante da fase de distribuição, por exemplo, são realocados como componentes do custo nodal da própria distribuição. Essa realocação é feita em reconhecimento ao fato de que as perdas devidas à ineficiência da distribuição impõem um ônus bem definido nas fases anteriores da cadeia. De fato, as perdas da distribuição são geradoras de alguns custos a montante – custos de captação, de adução e de tratamento – que não existiriam caso a distribuição fosse absolutamente eficiente e operasse sem perdas.

O Quadro 4.2 complementa as informações da Figura 4.2. Ele mostra com mais detalhe a sequência de formação dos custos ao longo da cadeia econômica dos sistemas de abastecimento de água do Brasil, operados pelas companhias estaduais de saneamento.

Em síntese, os valores apresentados no quadro indicam que os sistemas de abastecimento de água do Brasil, tomados como amostras, retiraram, no ano de 2004, um volume médio superior a 30 metros cúbicos de água dos mananciais, por mês, para cada ligação atendida, a um custo de R$ 0,10 por metro cúbico retirado; e entregaram ao consumidor final, no outro extremo da cadeia, um volume faturado 40% menor, porém a um custo final (agregado) de R$ 1,57 por metro cúbico faturado.

Quadro 4.2: Abastecimento de água: formação de custos – Brasil, 2004

ESTÁGIO	NÓ OU ELO (i)	VOLUME PROCESSADO (m³/LIG./MÊS)	CUSTOS NODAIS AGREGADOS UNIT. (R$/M³) DAS PERDAS	GLOBAL
Captação	0	31,35	0,000	0,10
Adução	1	31,10	0,001	0,21
Tratamento	2	30,47	0,005	0,38
Distribuição	3	26,70	0,062	0,81
Ligação	4	22,05	0,208	1,18
Medição	5	17,08	0,466	1,77
Faturamento	6	18,78	0,360	1,57

Fonte: Haro dos Anjos, 2007.

Note-se que as perdas de maior impacto econômico concentram-se na extremidade final da cadeia, em especial nos estágios de ligação e de medição. Esse fato sugere problemas tecnológicos e de gestão particularmente concentrados nesses estágios específicos[2].

O custo final agregado inclui o ônus imposto pelas perdas aparentes, tendo em vista que estas reduzem o volume faturado e, em consequência, aumentam o valor unitário do produto. Apesar disso, esse custo não inclui o valor da perda de receita provocada pelas perdas aparentes. O custo final agregado do produto também não inclui boa parte dos custos ambientais, por serem intangíveis.

---

2. No último elo da cadeia (faturamento), as perdas de volume são negativas. Isso se deve aos critérios comerciais de faturamento mínimo, independente do consumo efetivo.

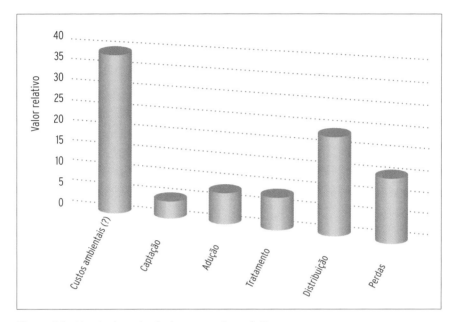

Figura 4.3: Abastecimento de água – custos relativos.
Fonte: Haro dos Anjos, 2007.

É relevante destacar que as perdas de água ao longo da cadeia produtiva do saneamento significam, acima de tudo, custos evitáveis e, portanto, sujeitos a gerenciamento.

Já a Figura 4.4 representa a cadeia típica, formadora de custos, de um sistema de esgotamento sanitário. Os valores indicados na figura são os *custos nodais agregados* de um sistema teórico representativo do conjunto dos sistemas de esgotamento sanitário, operados pelas companhias estaduais de saneamento do Brasil no ano de 2006, quando estas atendiam, no total, aproximadamente, a 10 milhões de ligações de esgoto (Haro dos Anjos, 2009a).

Em síntese, os valores apresentados na figura indicam que os sistemas de esgotamento sanitário, tomados como amostras, coletaram, no ano de 2006, um volume médio da ordem de 20 metros cúbicos de esgoto por mês, de cada ligação atendida, a um custo de R$ 0,09 por metro cúbico; e lançaram ao meio ambiente, no outro extremo da cadeia, um volume de 26,65 metros cúbicos de esgoto, por mês, para cada ligação atendida, a um custo final agregado de R$ 1,59 por metro cúbico faturado.

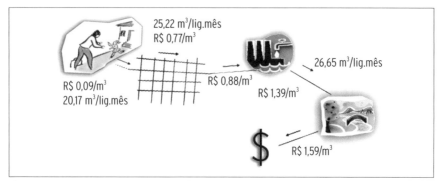

Figura 4.4: Esgotamento sanitário: formação de custos – Brasil, 2006.

Fonte: Haro dos Anjos, 2009a.

O Quadro 4.3 complementa as informações da Figura 4.4. Ele mostra com mais detalhe a sequência de formação dos custos ao longo da cadeia econômica dos sistemas de esgotamento sanitário, operados pelas companhias estaduais de saneamento do Brasil no ano de 2006.

Note-se que o volume final de esgotos lançado pelo sistema no corpo receptor (nó ou elo i = 5) é maior que o volume coletado dos usuários (nó ou elo i = 0) em aproximadamente 32% no caso ora apresentado, por efeito das vazões de infiltração, incluídas as coletadas das ligações clandestinas, que se somam às vazões coletadas normalmente ao longo do trajeto dos esgotos.

Quadro 4.3: Esgotamento sanitário: formação de custos – Brasil, 2006

ESTÁGIO	NÓ OU ELO (i)	VOLUME PROCESSADO VE$_i$ (m³/LIG./MÊS)	CUSTOS NODAIS AGREGADOS UNIT. (R$/m³) DAS INFILTRAÇÕES	GLOBAL
Ligação E.	0	20,17	0,00	0,09
Coleta	1	25,22	0,16	0,77
Interceptores	2	25,87	0,17	0,88
Tratamento	3	26,52	0,18	1,24
Emissários	4	26,65	0,18	1,32
Lançamento dos efluentes	5	26,65	0,18	1,37
Destino dos lodos tratados	6	26,65	0,18	1,39
Faturamento Com.	7	23,28	0,18	1,59

Fonte: Haro dos Anjos, 2009a.

Normalmente, o custo final agregado não contabiliza boa parte dos custos ambientais, por serem intangíveis.

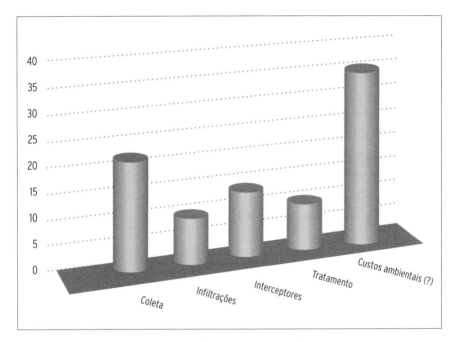

Figura 4.5: Sistemas de esgotos sanitários – custos relativos.

As vazões de infiltração, mais as clandestinas, significam custos de ineficiência técnica. Elas oneram a operação do sistema, reduzem o alcance da sua vida útil, aumentam os riscos de falhas operacionais e sobrecarregam as unidades de tratamento final.

É relevante destacar, para os fins do presente estudo, que as vazões de infiltração, e as clandestinas, significam, acima de tudo, custos evitáveis, portanto, sujeitos a gerenciamento.

Apresentadas as vantagens gerenciais de se trabalhar com o conceito de cadeia de formação de custos, cabe reconhecer que este conceito não é, apesar das vantagens apontadas, usualmente empregado pelas empresas. Ao contrário, as empresas em geral e as de saneamento em particular limitam-se, normalmente, a trabalhar com o conceito tradicional de custos contábeis, alocados a *centros de custos*.

Os centros de custos constituem contas definidas segundo critérios administrativos e fiscais (pessoal, materiais e comunicações, por exemplo), mas não necessariamente vinculadas aos processos gerenciais (produção, comercialização e distribuição, por exemplo), que estão mais diretamente sujeitos ao controle dos executivos responsáveis pelo sistema.

O sistema tradicional de custeio é estruturado para atender às exigências legais que buscam proteger interesses bem definidos do fisco, dos acionistas e da sociedade em geral e, por isso, tem caráter compulsório. Já o sistema ora apresentado, de cadeias de formação de custos, não é de natureza compulsória, mas atende às necessidades de gestão, uma vez que serve para medir a eficiência e apoiar os processos de decisão estratégica dos executivos. Ele fornece custos gerenciais (ou gerenciáveis), portanto.

O autor deste trabalho propõe um modelo matemático, desenvolvido especialmente para o caso dos sistemas de abastecimento de água, que pode ser empregado para transformar os custos contábeis, disponibilizados normalmente pelos sistemas de custeio tradicionais, em custos nodais agregados. Propõe, ainda, um modelo similar aplicável ao caso dos sistemas de esgotamento sanitário (Haro dos Anjos, 2007; 2009a).

CUSTOS AMBIENTAIS E EXTERNALIDADES

Os mananciais explorados por um sistema de abastecimento de água, estando situados a montante da cadeia formadora de custos do sistema (representada na Figura 4.2 e no Quadro 4.2), impõem os seus custos de natureza ambiental, associados à disponibilidade e à qualidade da água bruta, à outorga legal e a multas eventuais.

Esses custos são incorporados à cadeia de valores citada anteriormente, especialmente nos seus três primeiros elos (ou nós): (0) captação, (1) adução e (2) tratamento. De fato, os custos gerados nesses elos ou nós refletem, respectivamente, as condições de disponibilidade (inclusive distância) e a qualidade da água bruta utilizada como matéria-prima no sistema e, se for o caso, também os custos legais da outorga e/ou de multas eventuais.

Já os custos ambientais associados aos sistemas de esgotos sanitários refletem as condições e as exigências de depuração dos efluentes, os ônus de licenciamentos e impactos ambientais e, inclusive, de multas eventuais. Esses custos são incorporados à cadeia de valores descrita na Figura 4.4 e no Quadro 4.3. Eles incidem, especialmente, nos elos (3) tratamento; (5) lançamento dos efluentes; e (6) destino dos lodos tratados. Os custos gerados nesses elos específicos da cadeia refletem, acima de tudo, as exigências que o sistema de esgotos sanitários é obrigado a cumprir perante a autoridade ambiental.

De qualquer forma, tanto os sistemas de abastecimento de água quanto os sistemas de esgotamento sanitário podem gerar impactos ambientais, cujos custos correspondentes não são transferidos à empresa operadora responsável pelo sistema, nem aos seus clientes. Estes constituem os chamados custos externos, ou *externalidades*, já referidos na Etapa 5 da seção "Análises de viabilidade de projetos – Etapas de trabalho" (p. 18).

As externalidades significam custos reais, que oneram a sociedade como um todo, mas que não significam custos financeiros, ou privados, para aqueles que os provocam. Na prática, significa uma transferência de recursos para alguns em detrimento de todos.

Um mecanismo aplicável pelos governos para corrigir tais distorções econômicas é o de *internalizar* as externalidades. O processo de internalização é feito por meio da cobrança de tributos, ou taxas, cujo valor deveria ser, idealmente, equivalente ao valor da externalidade causada pela operação do sistema. Essa cobrança seria restrita aos responsáveis pela externalidade. Esse mecanismo é justificado com base no princípio do *poluidor-pagador*, o qual, por sua vez, nada mais é do que uma aplicação do princípio mais geral da equidade social perante os recursos limitados oferecidos a todos pelo meio ambiente. Esse assunto – o de internalização dos custos externos, ou externalidades – será abordado no Capítulo 11, na seção "Desafios à gestão do papel regulador".

CUSTO INCREMENTAL MÉDIO DE LONGO PRAZO

O conceito de custo incremental médio de longo prazo (CIMLP) será apresentado, nesta seção, como um complemento necessário aos conceitos dos custos gerenciais indicados no Quadro 4.3 e como expressão da eficiência de um projeto.

O complemento é necessário porque os custos indicados no Quadro 4.3 constituem um retrato parcial e apenas *estático* do objeto a que se referem. Em outras palavras, os custos ali retratados são os valores existentes, reconhecíveis numa perspectiva de *curto prazo*. Eles não incorporam os ônus de longo prazo na sua composição.

Para esclarecer: note-se que, no contexto do modelo representado naquele quadro, o *custo das demandas futuras*, por exemplo, refere-se ao custo imposto pelas demandas futuras que, se espera, venham a ocorrer dentro de um horizonte de *curto prazo*, isto é, que possam ser atendidas com os recursos da capacidade instalada *existente*, sem qualquer necessidade de investimentos na ampliação dessa capacidade.

De fato, todos os custos retratados no Quadro 4.3, tanto os fixos quanto os variáveis, são custos que pressupõem mantida a capacidade instalada existente. Eles não incorporam, absolutamente, o impacto dos investimentos programados e demais ônus associados a qualquer eventual ampliação da capacidade instalada. Assim, torna-se necessário um conceito de custo adequado para se poder incorporar os ônus de longo prazo na composição dos custos de um sistema. Esse conceito corresponde ao CIMLP.

O CIMLP é definido como o valor presente do custo médio da expansão do sistema, somado ao valor presente do custo médio de operação imputável ao respectivo incremento de produção (ver Quadro 4.4).

Adotando-se um plano de investimentos otimizado ao longo do tempo, com custos de operação enquadrados em parâmetros de eficiência, tem-se o CIMLP correspondente ao mínimo custo de prestação do serviço.

Quadro 4.4: Exemplo de planilha de cálculo de CIMLP

ANO	DEMANDA TOTAL	DEMANDA INCREMENTAL	CUSTOS TOTAIS OP. E MANUT.	CUSTOS INCREM. OP. E MANUT.	INVESTIMENTOS	CUSTOS INCREMENTAIS
						(C_i)
(i)	MILHÕES m³	MILHÕES m³	MILHÕES R$	MILHÕES R$	MILHÕES R$	MILHÕES R$
1	30,11	0,00	16,56	0,00	18,00	18,00
2	31,02	0,90	17,06	0,50	9,00	9,50
3	31,95	1,83	17,57	1,01		1,01
4	32,90	2,79	18,10	1,54		1,54

(continua)

Quadro 4.4: Exemplo de planilha de cálculo de CIMLP (continuação)

ANO	DEMANDA TOTAL	DEMANDA INCREMENTAL	CUSTOS TOTAIS OP. E MANUT.	CUSTOS INCREM. OP. E MANUT.	INVESTIMENTOS	CUSTOS INCREMENTAIS (Ci)
(i)	MILHÕES m³	MILHÕES m³	MILHÕES R$	MILHÕES R$	MILHÕES R$	MILHÕES R$
5	33,89	3,78	18,64	2,08		2,08
6	34,91	4,80	19,20	2,64		2,64
7	35,96	5,84	19,78	3,21		3,21
8	37,03	6,92	20,37	3,81		3,81
9	38,15	8,03	20,98	4,42		4,42
10	39,29	9,18	21,61	5,05		5,05
11	40,47	10,36	22,26	5,70		5,70
Soma VP$_s$ =		22,64		12,45	23,25	35,70

CIMPL = 35,70 / 22,64 = 1,58

A equação seguinte define o CIMLP:

$$\text{CIMLP} = \Sigma\ (C_i/(1+r)^i)/\Sigma\ (V_i/(1+r)^i) \quad (4.1)$$

em que:

- Ci = custos incrementais ocorridos no ano i (custos de investimentos, operação e manutenção).
- Vi = volumes incrementais (de água ou de esgotos) gerados no ano i como resultados do projeto considerado.
- r = taxa de atualização do estudo, equivalente ao custo de oportunidade do capital (r = 12% aa, no caso do Quadro 4.4).
- i = ano de referência, variável desde 0 até n.
- i = i$_0$ = ano inicial do período de análise considerado no estudo.
- i = i$_n$ = ano final do período de análise considerado no estudo.

Na equação (4.1), o numerador representa o valor presente do fluxo de gastos da trajetória de mínimo custo para o atendimento da demanda incremental. O denominador representa o valor presente da produção incremental resultante dos gastos indicados no numerador.

A expressão do CIMLP, ao trabalhar com valores descontados no tempo, dá mais peso aos valores e quantidades mais próximos temporalmente. Trabalhar com fluxos e incrementos em períodos longos resulta em um custo médio ponderado de grande estabilidade, ao contrário de outras variantes para expressão dos custos incrementais.

Esse custo constitui um indicador que permite planejar um fluxo de obras otimizado. Isso porque ele permite calcular as ampliações da capacidade instalada de forma a se minimizar o fluxo de gastos e a evidenciar a interdependência entre vários projetos, desenvolvidos simultaneamente ou não.

Dessa forma, o CIMLP pode se constituir em importante instrumento auxiliar de planejamento, uma vez que ele pode indicar o valor de um custo eficiente na perspectiva de longo prazo.

Na definição das tarifas, ele poderá ser utilizado como paradigma para referenciar a distribuição de subsídios ou sobre-preços entre as diferentes categorias de usuários e, também, para referenciar os resultados econômicos e financeiros da entidade operadora do sistema. Esse assunto será mais detalhado no Capítulo 6.

EXERCÍCIOS

1. Os custos do Quadro 4.2 correspondem a valores médios, representativos do conjunto dos sistemas de abastecimento de água do Brasil. Utilize esse quadro como base de referência para responder às seguintes perguntas: o que aconteceria se as perdas de todos os sistemas de abastecimento de água do país se reduzissem a zero? Qual seria o impacto nos custos? E na produção? E na distribuição?
2. Os custos do Quadro 4.3 correspondem a valores médios, representativos do conjunto dos sistemas de esgotamento sanitário do Brasil. Utilize esse quadro como base de referência para responder às seguintes perguntas: o que aconteceria se as infiltrações e ligações clandestinas de todos os sistemas de esgotamento sanitário do país se reduzissem a zero? Qual seria o impacto nos custos? E na rede coletora? E no meio ambiente?
3. Qual seria o valor do CIMLP do Quadro 4.4, considerando o custo de oportunidade do capital igual a 10% ao ano? Demonstre, montando um quadro com o mesmo formato do Quadro 4.4.

5 Gestão de investimentos em capacidade instalada

INTRODUÇÃO

Neste capítulo, examina-se o comportamento dos custos de investimentos em capacidade instalada nos sistemas de saneamento. Além disso, critérios são propostos para orientar as decisões de engenharia referentes às aplicações de recursos nesses sistemas, visando maximizar os resultados mediante a redução dos custos imobilizados em ativos fixos.

Na primeira parte, serão apresentados os conceitos de economias de escalas e de funções de custos. Na segunda, será apresentado um modelo de otimização de investimentos em capacidade instalada.

OBJETIVOS E ESTRATÉGIAS

A gestão dos investimentos em capacidade instalada nos sistemas contempla o objetivo geral de maximizar os benefícios líquidos (econômicos e financeiros) gerados pelas instalações existentes e projetadas.

Em termos mais específicos, contempla-se o objetivo de se identificar e adotar um tamanho ótimo para as instalações – para que elas possam atender às solicitações da demanda do sistema a um custo mínimo, imobilizado em ativos fixos.

A estratégia para se atingir tal objetivo consiste em utilizar critérios de viabilidade econômica e financeira já desde a fase da concepção de engenharia de um projeto – adicionalmente aos critérios técnicos usuais – para definir a sua escala ótima e, assim, minimizar os seus custos de investimentos.

Cabe destacar, por ser oportuno, que a escala de um projeto de infraestrutura é definida, normalmente, na fase dos estudos de concepção de engenharia do empreendimento. Nessa fase, critérios de viabilidade técnica determinam o dimensionamento das obras e, em última instância, a capacidade instalada do projeto, bem como as suas etapas de ampliações posteriores.

A estratégia ora proposta não é muito usual por ser de natureza multidisciplinar (Figura 5.1). Ela baseia-se na avaliação das consequências econômicas das decisões de engenharia. O seu emprego requer conceitos e habilidades que, na verdade, transcendem os campos de formação tradicionalmente delimitados entre os engenheiros, os economistas, os administradores e os contabilistas.

Trata-se de uma abordagem validada pela boa prática e com boa documentação na literatura técnica, especialmente internacional, geralmente sob o título de *Engenharia Econômica* ou, em inglês, *Engineering Economy*[1].

Figura 5.1: Definição da capacidade instalada – uma tarefa multidisciplinar.

---

1. A obra clássica que inaugurou esse tipo de abordagem, explorando os resultados econômicos dos investimentos definidos pelas decisões de engenharia, foi publicada em 1877, por A. M. Wellington, *The economic theory of the location of railways*.

Uma revista científica trimestral de referência nesse assunto é publicada pela American Society of Engineering Education (ASEE) em conjunto com o Institute of Industrial Engineers (IIE). Seu título é *The Engineering Economist*.

ECONOMIAS DE ESCALA

O estudo sistematizado do comportamento dos custos de investimentos em projetos de infraestrutura permite construir, por meio de técnicas de regressão, a função matemática representada pela equação (5.1), abaixo. Ela é conhecida, genericamente, como *função de custos*:

$$C(Q) = kQ^a \tag{5.1}$$

em que:

- $C(Q)$ = custo de implantação do projeto, expresso em unidades monetárias.
- Q = escala do projeto, capacidade, expressa segundo unidades métricas (m³/h; L/s, kW; ou m², por exemplo).
- k = constante, cujo valor depende das unidades monetárias e métricas de C e Q, respectivamente.
- a = fator de economia de escala, adimensional.

As funções de custos são obtidas a partir da análise estatística de dados amostrais referentes a obras executadas numa determinada região e/ou a partir de estimativas de custos para instalações de diversas capacidades. Observa-se que o fator de economia de escala define o comportamento dos custos a que se refere, da seguinte forma:

- **a < 1**: a função de custos, nesse caso, será uma curva exponencial cuja concavidade é voltada para baixo. Os custos crescem menos do que proporcionalmente em relação ao aumento da capacidade. Esta situação caracteriza a ocorrência de *economias de escala*.
- **a = 1**: a função de custos, nesse caso, será linear — uma linha reta. Os custos são diretamente proporcionais à capacidade. Não há efeitos de economia de escala nesse caso particular.
- **a > 1**: a função de custos, nesse caso, será uma curva exponencial cuja concavidade é voltada para cima. Os custos crescem mais do que proporcionalmen-

te em relação ao aumento da capacidade. Esta última situação caracteriza a ocorrência de prejuízos ou *deseconomias de escala*.

Os efeitos de economias de escala podem ser significativos em um sistema de saneamento. Considere-se, por exemplo, um primeiro projeto de construção de uma linha adutora de água tratada, cuja capacidade (escala) seja igual a 100 L/s, capaz de abastecer uma população de 50 mil habitantes, a um custo total estimado de R$ 750.000,00. Esse investimento equivaleria a R$ 15,00 por habitante servido.

Quadro 5.1: Fatores de economias de escala no saneamento – valores típicos

UNIDADE COMPONENTE	FATOR ESCALA (A)
Captação em rios	0,10 a 0,25
Tratamento	0,60 a 0,75
Adução	0,40 a 0,60
Reservatórios apoiados	0,60 a 0,80
Reservatórios elevados	0,30 a 0,50
Distribuição	0,50 a 0,60

Observação: Os fatores indicados neste quadro resultam de uma compilação ampla do autor, elaborada para fins apenas didáticos. Esses números não devem, a princípio, ser aplicados a situações específicas antes de uma análise estatística das condições locais.

Se o fator de economia de escala dessa obra for igual a 0,50 (típico para adutoras), isso significa que um segundo projeto, alternativo, com capacidade quatro vezes maior do que o primeiro, poderá ser executado com um investimento apenas duas vezes maior do que o primeiro. Em outras palavras, o projeto alternativo comportaria uma adutora com capacidade de 400 L/s, capaz de abastecer uma população de 200 mil habitantes a um custo total estimado de R$ 1.500.000,00. Esse investimento equivaleria a R$ 7,50 por habitante servido (custo *per capita* 50% menor do que o do primeiro projeto).

O mesmo efeito ocorre, analogamente, com estações de tratamento de água ou de esgotos; ao se dobrar a capacidade de uma estação, o seu custo aumenta bem menos que o dobro. Isso não significa, todavia, que os projetos devam ser dimensionados para um tamanho máximo possível, tendendo a uma capacidade ilimitada. Projetos excessivamente grandes, superdimensionados e/ou prematuros em relação à demanda que pretendem suprir implicam prejuízos econômicos por dois motivos:

- Excesso de tamanho significa ociosidade: trata-se de um custo que não gera benefício (resultado benefício-custo negativo).
- O recurso ocioso empregado no projeto torna-se indisponível para qualquer outra aplicação mais produtiva na economia.

Fica evidente, então, que os investimentos em projetos de infraestrutura não deveriam, idealmente, gerar obras de tamanho excessivo e/ou prematuras, isto é, adiantadas demais em relação à ocorrência das demandas que pretendem suprir. Tampouco devem gerar obras de tamanho muito reduzido e/ou atrasadas, que se materializem apenas depois da própria demanda, porque isso significaria perdas de economias de escala, demandas reprimidas e, no caso do setor de saneamento, altos custos sociais.

Existe, pois, uma questão estratégica, que cabe ser resolvida aqui: qual é o tamanho ótimo de um projeto? Essa questão será discutida na próxima seção.

OTIMIZAÇÃO DA CAPACIDADE INSTALADA

Nesta seção, será apresentado um modelo matemático cujo objetivo é o de determinar o tamanho ótimo de um projeto em termos econômicos e financeiros. O modelo apresentado foi desenvolvido por H. B. Chenery (1952), e o seu uso tem sido generalizado, desde então, no planejamento de obras de infraestrutura em geral.

O modelo identifica a escala ótima dos investimentos para o projeto, a fim de que correspondam ao mínimo custo, e sejam suficientes para atender à demanda futura.

O modelo de Chenery

Suposições

O modelo proposto baseia-se em algumas suposições, cuja validade será discutida mais adiante. Veja-se:

- Supõe-se que a demanda a ser suprida seja linearmente crescente.
- O incremento anual da demanda será igual a **D** unidades (de metros cúbicos de água tratada, ou de esgotos tratados, por exemplo).
- Supõe-se que a capacidade inicial do sistema existente a ser ampliado seja igual à demanda do ano zero da análise.
- Supõe-se que a ampliação a ser executada será repetida no futuro, em intervalos iguais de tempo, representados pela variável **x** (a ser determinada), sendo este o período de projeto dado em anos.

Desenvolvimento do modelo

As suposições anteriormente assumidas exigem que, para manter atendida a demanda, será necessário executar uma primeira ampliação do sistema no ano zero e, depois, repeti-la infinitamente a intervalos de tempos iguais a x anos. Assim, a primeira ampliação ocorrerá no ano i = **zero**; a segunda, no ano i = **x**; a terceira, no ano i = **2x**, e assim sucessivamente.

- Cada ampliação de capacidade (**Qi**) terá uma escala igual, que será suficiente para atender à demanda dos **x** anos seguintes:

$$Qi = x.D \tag{5.2}$$

Quanto ao valor do investimento das ampliações (**Ci**), este poderá ser definido a partir da seguinte função de custo, sendo **a** o fator de economia de escala:

$$Ci = k.Qi^a \tag{5.3}$$

O custo total atualizado do projeto considerado será dado por:

$$C = \sum ((k.Qi^a)/(1 + r)^i) \tag{5.4}$$

sendo **i** = 0, x, 2x, 3x ...n e **r** = taxa de desconto = custo de oportunidade do capital.

- Substituindo a equação (5.2) na equação (5.4):

$$C = \sum (k.(x.D)^a)/(1 + r)^i \tag{5.5}$$

Considerando-se que **i** assume os valores de múltiplos inteiros de **x**, o somatório (5.5) pode ser simplificado na seguinte expressão:

$$C = (k \cdot (x \cdot D)^a)/(1 - e^{-rx}) \quad (5.6)$$

Essa expressão apresenta uma única variável independente (**x**) que representa o período de projeto, sendo os demais elementos constantes.

É possível calcular o período ótimo de projeto (x_0), correspondente ao custo mínimo (**C** mínimo), procedendo-se à derivação da equação anterior e igualando-a a zero[2].

O resultado do cálculo indicado será:

$$x_0 = (a/r) \cdot (e^{-rx_0} - 1) \quad (5.7)$$

Como na equação (5.7), x_0 é uma variável implícita, existente em ambos os membros, pode-se assumir a seguinte aproximação para o valor de x_0

$$x_0 = (2,6/r) \cdot (1 - a)^{1,12} \quad (5.8)$$

Interpretação dos resultados do modelo

A equação (5.8) mostra que o período ótimo de projeto (x_0) e, consequentemente, a capacidade ótima (Q_0) aumentam à medida que aumenta a economia de escala (e, portanto, à medida que diminui o fator de economia de escala (**a**)) e que diminui a taxa de desconto correspondente ao custo de oportunidade do capital (**r**).

O modelo também põe em evidência uma conclusão muito importante, embora frequentemente desconsiderada na prática da alocação de recursos dentro do setor de saneamento: dado que os componentes principais de um projeto de abastecimento de água ou de esgotos sanitários apresentam fatores diferentes de economias de escala, não é ótimo projetar e construir todos os componentes de um sistema, vislumbrando um mesmo ano final de saturação de capacidade para todos esses componentes.

---
2. Supõe-se a função C = C(x) contínua.

Conclusão: período ótimo de projeto

O Quadro 5.2 e a Figura 5.2 são aplicações da expressão (5.8).

Quadro 5.2: Períodos ótimos de projeto (anos)

FATORES DE ECONOMIA DE ESCALA (a)	PERÍODO ÓTIMO DE PROJETO (ANOS)			
r ⟶	8%	10%	12%	15%
a = 0,3	22	17	15	12
a = 0,5	15	12	10	8
a = 0,7	8	7	6	5

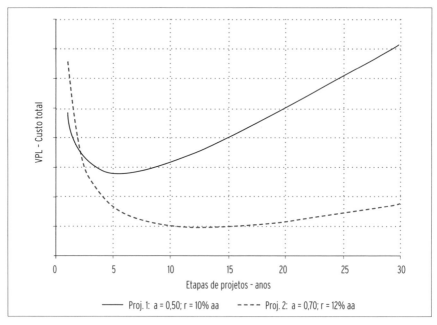

Figura 5.2: Períodos ótimos de projeto.

A aplicação do modelo proposto permite deduzir que, no Brasil, de forma geral, os componentes dos sistemas de abastecimento de água e de esgotos sanitários deveriam ser projetados para períodos de menos de 15 anos e, com frequência, para períodos de 5 a 10 anos, aproximadamente.

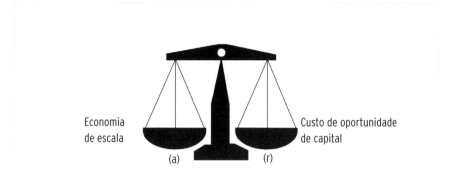

Figura 5.3: Custo mínimo – economia de escala x custo de capital.

Como regra geral, os componentes com economias de escala significativas (represas, unidades de tomadas de água) deveriam ser construídos de acordo com a capacidade final do projeto, enquanto os componentes com menores economias de escala (poços, estações de tratamento) deveriam ser projetados para períodos mais curtos.

Sobre os limites de validade do modelo proposto

O modelo de otimização de investimentos ora proposto baseia-se em algumas suposições, cuja validade será discutida a seguir:

O crescimento da demanda é linear

Quanto a essa suposição é interessante verificar que a equação (5.8), deduzida pelo modelo, independe do crescimento da demanda.

De fato, a variável D, que representa o crescimento anual da demanda, por ser constante, é eliminada na operação de derivação que determina o período ótimo de projeto – ver equações (5.6) e (5.7).

Por outro lado, se for assumido um crescimento de demanda exponencial, é possível demonstrar que, aplicando-se as mesmas substituições de variáveis apresentadas anteriormente, o período ótimo de projeto continuaria, na prática, sendo o mesmo apontado pela suposição de crescimento linear, para qualquer que seja o índice de crescimento exponencial da demanda.

Custos operacionais foram desconsiderados

De fato, somente foram considerados os custos de investimentos, dados pela equação (5.3), que representa a própria função de custos. No entanto, caso os custos operacionais fossem incorporados ao modelo, considerando que são proporcionais à demanda, mas independentes da capacidade instalada, seu efeito sobre C, o custo total atualizado, seria o de aumentar o seu valor segundo uma constante que também resultaria eliminada na derivação da expressão (5.6) para determinar o período ótimo (conforme as regras do cálculo diferencial e integral, aplicáveis ao caso).

Não há déficit de capacidade no início do período de projeto

No caso da ocorrência de déficit de capacidade no início do período de projeto, cabe observar que, uma vez construída a primeira etapa, o tamanho ótimo das etapas seguintes será dado pelo modelo já apresentado.

A verificação, então, a fazer, é quanto ao tamanho ótimo da primeira etapa: Qual deverá ser esse tamanho? Admitindo-se que o déficit inicial (Q_1) possa ser expresso pelo número de anos x_1, equivalente a um período de atraso ocorrido na entrada em operação do novo sistema, o modelo proposto poderia ser melhorado incorporando-se, nas equações (5.2) a (5.4), os investimentos correspondentes à primeira etapa:

$$C_1 - k\,((x_1 + x)\cdot D)^a \tag{5.9}$$

$$\text{sendo } ((x_1 + x)\cdot D) = Q_1 \tag{5.10}$$

A substituição acima indicada levaria a

$$(x_1 + x)^a = ((x_1)^{a-1}\cdot r.x_0)\, e^{r.x} \tag{5.11}$$

O período ótimo (x_1) correspondente à primeira etapa seria dado por:

$$x_1 = (x_0 + (1 - a)^{0,7})/r) + ((x_1)^{0,9}/((x_1 + x_0)^{0,8})) \tag{5.12}$$

A análise da expressão anterior permite observar que:

$$x_1 < (x_1 + x_0) \tag{5.13}$$

sendo x_0 dado pela equação (5.8)

As expressões anteriores mostram que, dado um conjunto de situações (**a, r, x₁**), a capacidade adicional de ampliação ótima de um sistema com déficit inicial de produção (**Q₁**) é menor do que a soma desse déficit inicial com a capacidade **Q₀** dada pelo modelo sem déficit, isto é:

$$Q_1 < (Q_1 + Q_0) \tag{5.14}$$

Conclui-se, assim, que o modelo de otimização de investimentos ora proposto apresenta consistência conceitual e que as simplificações assumidas por ele não invalidam seus resultados.

EXERCÍCIOS

1. Qual deveria ser o período ótimo de projeto de uma unidade de captação de água, constando de barragem, canais e galerias, considerando-se que ele deve oferecer economias de escala significativas e considerando o custo de oportunidade do capital igual a 10% ao ano? Responda em termos de "anos de alcance" do projeto. A resposta pode ser aproximada, mas deve ser justificada.
2. Qual deveria ser o período ótimo de projeto de um reservatório elevado (tipo "torre"), componente de um sistema de abastecimento de água de uma cidade de 50.000 habitantes, considerando o custo de oportunidade do capital igual a 10% ao ano? Responda em termos de "anos de alcance" do projeto. A resposta pode ser aproximada, mas deve ser justificada.
3. A tabela a seguir reúne os custos de aquisição e instalação de diversas estações de tratamento de esgotos compactas (ETEs) implantadas por uma companhia estadual de saneamento nos últimos 12 meses, nas cidades A e B. Com base em seus dados, calcule:

    - A função de custos dessas estações.
    - O fator de economia de escala dessas estações.

- O período ótimo de projeto para essas estações, considerando custos de oportunidade de capital variáveis entre 8 e 15% ao ano.

CAPACIDADE (m³/DIA)	CUSTOS DAS AMOSTRAS R$ 1.000,00	
	CIDADE A	CIDADE B
50	188,90	123,07
100	221,50	180,30
200	358,20	304,47
300	491,70	422,62
400	647,60	500,62
500	805,60	630,07

6 | Gestão da política tarifária

INTRODUÇÃO

O presente capítulo discute as políticas tarifárias aplicáveis ao setor do saneamento e destaca as estratégias de gestão associadas ao exercício dessas políticas.

Na primeira parte deste capítulo serão discutidos os objetivos que devem contemplar as políticas tarifárias no setor de saneamento, tanto em termos gerais quanto em termos mais específicos, associados à conjuntura social e econômica do Brasil.

Na segunda, o setor de saneamento será caracterizado como um monopólio natural em relação à maior parte dos seus usuários, e serão apresentadas as propostas gerais de tarifação, normalmente aplicadas em casos de monopólios.

Na terceira, as principais estratégias de gestão tarifária serão discutidas: estratégias comerciais de segmentação de produtos e serviços; estratégias comerciais de segmentação de clientes; e estratégias de relacionamento com os clientes.

Na quarta, serão analisadas técnicas de construção das estruturas tarifárias, definidas como expressões da política tarifária de um sistema de saneamento.

Por fim, na quinta, será apresentado um método de cálculo dos valores das tarifas horárias e/ou sazonais e/ou horossazonais, fundamentado na determinação prévia dos custos de ponta e fora de ponta dos sistemas a que se referem.

OBJETIVOS DE UMA POLÍTICA TARIFÁRIA

Uma política tarifária adequada ao setor de saneamento deve contemplar objetivos estratégicos, dos quais são listados os mais relevantes:

- *Universalização do acesso*: o saneamento oferece um benefício essencial, ligado à saúde e à qualidade de vida. Assim, a política tarifária, qualquer que seja, não deve ser impeditiva ao acesso dos mais pobres aos produtos dos sistemas de saneamento.
- *Eficiência e modicidade*: em um contexto de recursos escassos e de grandes demandas a serem satisfeitas, a eficiência na operação dos serviços de saneamento significa o melhor uso possível desses recursos para atender a tais demandas, sem desperdícios de qualquer espécie. Os benefícios da eficiência devem ser compartilhados com os usuários dos serviços na forma de modicidade tarifária.
- *Equidade*: a equidade significa, no contexto de uma política tarifária, a adoção de preços relativos proporcionais aos ônus que cada usuário impõe ao sistema, ressalvado o primeiro objetivo (de universalização do acesso).
- *Viabilidade econômica e financeira*: a política tarifária deve contribuir para a viabilidade econômica do sistema, garantindo a viabilidade financeira da empresa operadora do serviço – no curto e no longo prazos.
- *Simplicidade*: as tarifas cobradas devem ser facilmente entendidas pelos consumidores de forma que estes possam decidir livremente sobre as formas de utilização e pagamento dos serviços a que correspondem.

Esses objetivos são válidos para uma política tarifária aplicada ao setor de saneamento em geral. Especificamente em relação a esse setor no Brasil, cabe ainda ressaltar o objetivo de viabilizar recursos para investimentos que pretendem mais que duplicar a capacidade instalada total existente no país durante o período de 2010 a 2030, em cumprimento às metas do milênio das Nações Unidas e num compromisso político de redução das desigualdades sociais do país.

MONOPÓLIO NATURAL E TARIFAS

O setor de saneamento caracteriza-se como um monopólio natural. Isso significa que a prestação do serviço seria inviável em condições de concorrência; de fato, as redes de distribuição de água, assim como as redes coletoras de esgotos, as plantas de tratamento e demais unidades que compõem esses sistemas de infraestrutura correspondem a investimentos que não admitem, normalmente, a coexistência de diversas empresas disputando os mesmos consumidores.

A eventual duplicação (ou multiplicação mesmo) dessas unidades de infraestrutura no meio urbano iria gerar custos de ociosidade para todos os concorrentes e onerar os serviços para os consumidores, muito mais do que se uma única empresa assumisse o encargo. Todavia, a observação de que o setor de saneamento constitui monopólio natural é válida para a maior parte dos seus clientes, mas não para todos. Os grandes consumidores industriais, os complexos hospitalares, universitários, *resorts* e outros dessa natureza podem eventualmente implantar, com vantagens econômicas e financeiras, sistemas próprios de abastecimento de água e/ou de esgotos sanitários. Em relação a esses grandes consumidores, as empresas de saneamento não se comportam como monopolistas, já que eles dispõem da opção de utilizar ou não os seus serviços.

Esse duplo caráter do setor de saneamento (que é monopolista em relação a alguns dos seus clientes, mas não em relação a outros) tem a sua expressão matemática nas curvas de demanda dos distintos tipos de clientes. Conforme visto no Capítulo 3, na seção "Curvas de demanda", as demandas dos clientes residenciais apresentam índices de elasticidade entre -0,1 e -0,3, enquanto os grandes clientes industriais apresentam índices próximos a -0,8. Os primeiros, mais inelásticos, são bastante insensíveis a variações de preços. Essa inelasticidade conferiria grande poder financeiro ao gestor dos serviços de saneamento se a ele fosse concedida autonomia plena e autoridade para estabelecer o valor das suas próprias tarifas. Diante disso, para equilibrar a relação entre o gestor dos serviços e o pequeno consumidor, os governos costumam impor restrições e controles nos mecanismos de cálculo e de definição de tarifas. Essas imposições serão estudadas com mais detalhe no Capítulo 10, na parte dedicada à regulação.

Para os fins da presente seção, contudo, cabe destacar as três propostas gerais de tarifação normalmente aplicadas a serviços monopolistas, como é o caso do saneamento: tarifação pelo custo médio, pelo custo marginal e pelo custo incremental médio de longo prazo (CIMLP). Essas diferentes propostas de tarifação são explicadas, a seguir, em texto baseado em Menon Moita et al. (1996).

TARIFAÇÃO PELO CUSTO MÉDIO

Constitui uma forma tradicional de estabelecer os preços regulados, a chamada "estrutura tarifária uniforme". Baseia-se no conceito do simples rateio dos gastos. Basta calcular todos os gastos incorridos na produção do serviço e dividir pela quantidade produzida, o que resulta no custo médio do produto. Cobrando dos consumidores o custo médio por unidade consumida obtém-se a cobertura de todos os custos, lucros econômicos nulos e o equilíbrio financeiro da empresa. Esse procedimento representa um avanço em relação ao comportamento do monopólio não regulado. Traz subjacente a ideia de que cada setor da economia deve produzir receitas que cubram seus próprios custos.

Entretanto, esse método não é capaz de induzir uma produção eficiente, pois quaisquer que sejam os gastos, inclusive os desperdícios, estes serão rateados entre os consumidores. Também é criticável por não diferenciar o ônus atribuível a cada consumidor. Serviços com custos diferentes serão pagos segundo valores igualmente distribuídos entre todos os consumidores, sem distinguir o custo real de cada um.

A regulação desse tipo de tarifa incide principalmente sobre os componentes dos custos. Para os serviços de utilidade pública, o custo do capital investido em capacidade instalada é, em geral, o mais pesado de todos e é sobre ele que a regulamentação incide normalmente, estabelecendo limites para a taxa de retorno do capital.

O objetivo da regulamentação dessa taxa, por meio de um teto máximo, é evitar que a empresa obtenha lucros excessivos, monopolísticos. Ao mesmo tempo, se a maior taxa de retorno permitida for inferior a qualquer outra opção de aplicação do capital no mercado, não há motivos, desse ponto de vista, para que a empresa insista no investimento em questão. A taxa de retorno deve, pelo menos, propiciar a cobertura do custo de oportunidade do capital. Se a taxa de retorno regulamentada for maior que o custo de oportunidade do capital, o monopólio será estimulado a investir o máximo que puder, podendo, dessa forma, gerar distorção no uso dos fatores de produção, com a utilização excessiva do fator capital.

TARIFAÇÃO PELO CUSTO MARGINAL

A necessidade de encontrar preços que promovam a alocação eficiente de recursos e, portanto, maximizem o bem-estar social conduziu o estudo da tarifação à abordagem pelo custo marginal.

O custo marginal (de curto prazo) é o custo do atendimento de uma unidade adicional de demanda, considerando a capacidade instalada existente. O atendimento da demanda adicional é feito apenas com gastos de operação e manutenção (apenas custos variáveis) relacionados a essa demanda. No caso de os sistemas apresentarem capacidade ociosa, o atendimento à demanda adicional implica apenas os custos normais de operação e manutenção associados a ela. No caso de o sistema estar com a capacidade plenamente utilizada, haverá sobrecarga nas instalações, os custos de operação e manutenção serão maiores e, por consequência, a qualidade dos serviços poderá vir a ser afetada (ver Figura 6.1).

A discussão sobre o estabelecimento de preços públicos iguais aos custos marginais tornou-se o enfoque predominante da teoria dos preços públicos desde a década de 1930 até os dias atuais. Veja-se, por exemplo, a tarifação do serviço de abastecimento de água. A ideia, nesse caso, é a de que, uma vez que as instalações estivessem prontas e não plenamente utilizadas, poderia ser permitida a ligação do próximo consumidor, cobrando-lhe apenas o custo variável que o afeta, ou seja, o seu custo marginal[1], sem qualquer preocupação com custos fixos, pois a tubulação e os demais componentes do sistema já estariam prontos e instalados.

---
1. O custo marginal, o qual tem a função de atender ao consumo de mais uma unidade do produto, nesse exemplo, é apenas o custo de operação e manutenção do sistema, relativos a esse consumo.

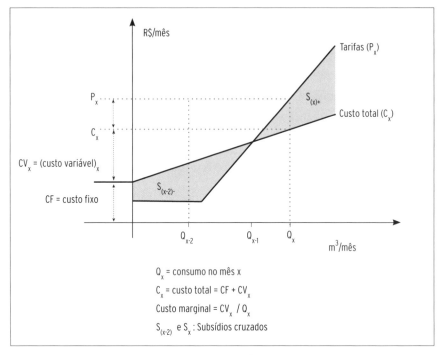

Figura 6.1: Custos fixo, variável e marginal, tarifas e subsídios cruzados.

Esse critério de utilização maximiza o benefício total da sociedade, pois mais pessoas poderiam usar mais o serviço, em relação ao que aconteceria se o preço cobrado fosse maior que o custo marginal – se contemplasse, por exemplo, os custos fixos. Entretanto, a questão estratégica que se coloca nesse caso é a seguinte: como se deveria tarifar quando as instalações estivessem com a capacidade esgotada ou prestes a se esgotar? Como decidir realizar novos investimentos em capacidade? Quem deveria arcar com esse novo custo fixo? Seriam os novos usuários? Ou todos os usuários? Ou seria o Estado? Ou outra fonte qualquer?

A grande dificuldade da adoção do preço igual ao custo marginal para serviços como os descritos anteriormente, com grandes custos fixos e baixos custos marginais, resultando em custos médios decrescentes em relação à demanda, relaciona-se aos custos fixos que, sob essa forma de tarifação, ficam descobertos. Essas questões foram amplamente discutidas e muitas maneiras de contorná-las foram estudadas.

Se a indústria em questão tivesse custos decrescentes indefinidamente, atenderia a qualquer crescimento da demanda com custos médios cada vez menores. No entanto, a realidade não é assim. As instalações dos serviços de utilidade pública, normalmente grandes, um dia se esgotam e exigem novos investimentos, cuja tendência é a de serem cada vez mais onerosos, pois os recursos têm se tornado cada vez mais escassos e de difícil acesso. Em um mundo em que há crescimento da demanda, os investimentos em capacidade têm de ser considerados na tarifação porque serão repetidos. A capacidade que é ocupada hoje cria a necessidade de acréscimos de capacidade no futuro. Os preços devem sinalizar aos consumidores os custos em que a sociedade incorre para produzir aquele serviço, inclusive os custos fixos.

TARIFAÇÃO PELO CUSTO INCREMENTAL MÉDIO DE LONGO PRAZO

Quando há necessidade de repetição de investimentos em capacidade, os custos desses novos investimentos devem participar da sinalização alocativa dada pelos preços. Dessa forma, a necessidade de encontrar preços que reflitam o custo de produção eficiente desses serviços levou alguns especialistas à proposição do conceito de CIMLP, pois este considera em sua composição também os custos dos investimentos. Esse custo é definido como o custo médio da expansão do sistema somado ao custo médio de operação imputável ao respectivo incremento de produção.

Se for suposto que as tarifas não se alterarão ao longo do tempo e que elas expressam o benefício que os consumidores obtêm dos serviços, então esses custos são especialmente úteis para a eleição da melhor opção de expansão, pois podem ser comparados à tarifa e, dessa forma, propiciar comparações entre custos e benefícios que auxiliarão na escolha da melhor opção de expansão. Além disso, por serem custos relacionados a investimentos ainda a ser realizados, investimentos estes eleitos como opção ótima de projeto, tais custos não trazem ônus implícitos devidos a ineficiências e desperdícios. Assim, eles podem se constituir em referencial para conhecimento do custo econômico da prestação do serviço, pois traduzem o custo da disponibilidade permanente desse serviço e, consequentemente, podem se constituir em um referencial de tarifa.

Os custos incrementais médios de longo prazo, quando calculados para as diferentes partes do sistema e/ou para diferentes regimes de utilização ao longo do tempo, permitem que se conheçam os custos de fornecimento dos serviços para grupos de consumidores com características de consumo semelhantes, o que permite que a tarifa se estruture de maneira diferenciada entre eles, transferindo para cada grupo de consumidores um ônus tarifário proporcional ao seu respectivo custo.

ESTRATÉGIAS DE GESTÃO TARIFÁRIA

Nesta seção, serão examinadas as principais estratégias de gestão tarifária aplicáveis ao saneamento: as estratégias comerciais de segmentação de produtos e serviços; as estratégias comerciais de segmentação de clientes; e as estratégias gerais de relacionamento com os clientes.

Estratégias comerciais de segmentação de produtos e serviços

Uma empresa operadora de um sistema de saneamento precisa identificar os seus diferentes produtos e serviços, *sem confundi-los entre si*. Além disso, é necessário adotar uma estratégia comercial adequada em relação a cada um desses produtos e serviços, levando em conta os seus respectivos custos de produção e, também, o valor de cada um deles na perspectiva do cliente.

Essa adoção de estratégias específicas para cada produto, devidamente identificado na sua singularidade e nos seus atributos, é uma técnica de marketing chamada *segmentação de produtos*.

A seguir, são apresentadas algumas estratégias adequadas aos diferentes produtos típicos de uma empresa de saneamento:

Tarifação horária, sazonal ou horossazonal

A estratégia de se adotar um sistema de tarifas variáveis, conforme a hora do dia e/ou a época do ano, justifica-se como uma forma de melhorar a eficiência econômica de um sistema sujeito a expressivas demandas de ponta.

Essa estratégia baseia-se na ideia de que a *água potável* distribuída por um sistema urbano de saneamento e o *esgoto* coletado *são produtos que admitem uma segmentação temporal*. Uma quantidade de água entregue às 10 horas da manhã para um determinado cliente, por exemplo, não teria o mesmo custo de produção se fosse entregue às 10 horas da noite para o mesmo cliente. Nem teria o mesmo valor na perspectiva do próprio cliente. Da mesma forma, a água fornecida em um centro turístico terá um custo quando fornecida na alta temporada de verão e outro quando fornecida no inverno. No que diz respeito à segmentação, é válido identificar dois produtos distintos nesse caso: a água fornecida em períodos *de ponta* (de demanda) e a água fornecida em períodos *fora de ponta*.

Na seção "Tarifas horárias e sazonais" (p. 108), será apresentado um modelo matemático, que pode ser utilizado como ferramenta para adoção dessa estratégia tarifária.

Tarifação em blocos crescentes

A estratégia de se aplicar *tarifas estruturadas em blocos*, diferenciadas de uma forma crescente em relação às quantidades demandadas, é justificável tendo em vista objetivos diversos, tais como a conservação de recursos hídricos, o desestímulo ao consumo supérfluo, a viabilização de grandes demandas industriais, o subsídio ao consumo das populações carentes, entre outros.

Essa estratégia baseia-se na ideia de que a água potável distribuída por um sistema urbano de saneamento é um produto que admite uma *segmentação marginal*. Quando um usuário consome uma quantidade de água qualquer – 10 m³, por exemplo –, cada metro cúbico oferece para ele uma utilidade diferente: o décimo metro cúbico consumido pelo cliente tem menor valor para ele (menor utilidade, portanto) do que o nono; este, por sua vez, tem menor valor que o oitavo e assim sucessivamente. Esse fato é reconhecido em Economia como a lei das utilidades marginais decrescentes (já citada no Capítulo 3, na seção "Curvas de demanda").

Na seção "Estruturas tarifárias de blocos crescentes" (p. 105), serão apresentados modelos que aplicam esse tipo de estratégia tendo em vista os objetivos anteriormente citados.

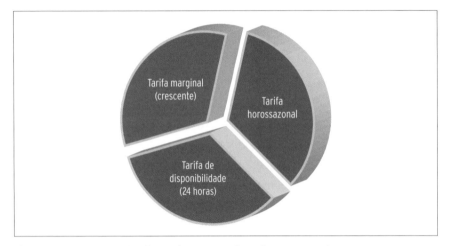

Figura 6.2: Segmentação de produtos e serviços de saneamento.

Tarifação com estrutura binária

A conta mensal dos clientes de um serviço de saneamento pode ser composta como uma soma de duas parcelas: uma parcela fixa, e outra variável, calculada em função do consumo medido. Essas parcelas, a fixa e a variável, caracterizam a chamada "tarifação com estrutura binária".

Cabe destacar que os sistemas de saneamento oferecem um serviço especial, e muito nobre, aos seus clientes: a sua *disponibilidade* em regime de 24 h/dia. A disponibilidade permanente do serviço constitui, normalmente, o produto mais caro entre todos os que uma empresa de saneamento produz.

Assim, a estratégia de se impor a cobrança de uma parcela fixa na conta mensal contribui para os objetivos da viabilidade financeira do sistema e da equidade entre os usuários, já que todos os que contribuem para provocar a ociosidade do sistema recebem o ônus de um custo fixo em suas contas; esse ônus será proporcionalmente maior no caso daqueles usuários que apresentam menores consumos e que, portanto, impõem a maior ociosidade à operação do sistema.

Estratégias comerciais de segmentação de clientes

Uma empresa operadora de um sistema de saneamento precisa conhecer os seus clientes, *sem confundi-los entre si*. Além disso, precisa conhecer o comportamento de cada tipo de cliente em relação aos seus produtos e aos seus preços. Assim, em relação a cada tipo de cliente, a empresa poderá adotar uma estratégia comercial adequada, levando em conta os seus próprios custos de produção e, também, as necessidades e as expectativas da clientela.

Essa adoção de estratégias específicas para cada tipo de cliente, devidamente identificado na sua singularidade, é uma técnica de marketing chamada *segmentação de clientes*.

A seguir, são apresentadas algumas estratégias adequadas aos diferentes tipos de clientes de uma empresa de saneamento.

Segmentação de clientes por padrões de consumo

A estratégia de praticar tarifas diferenciadas conforme o padrão de consumo do cliente justifica-se diante do objetivo de otimizar os resultados econômicos e financeiros do sistema. Essa estratégia baseia-se na ideia de que, conforme visto no Capítulo 3, na seção "Elasticidade-preço: o perfil do cliente", os clientes de um sistema de saneamento podem apresentar comportamentos distintos quando confrontados com variações no valor da tarifa; alguns são mais sensíveis às variações de preços, outros são menos, e essa sensibilidade pode ser avaliada pelos respectivos índices de elasticidade-preço.

Assim, a tarifa oferecida aos clientes industriais, por exemplo, levará em conta a sua maior sensibilidade a preços e, portanto, o limite comercial imposto pela concorrência com sistemas de saneamento, próprios e/ou particulares. Já a tarifa oferecida aos clientes residenciais deverá levar em conta a sua menor sensibilidade a preços e, por isso mesmo, obedecerá às limitações impostas pela autoridade reguladora.

Se é válido oferecer um tratamento tarifário diferenciado para os diferentes segmentos de clientes, nem por isso haverá razões (sejam econômicas, sejam sociais) para uma diferenciação excessivamente detalhada; a princípio poderia ser suficiente a identificação de apenas duas categorias básicas de clientes: *residencial* e *não residencial*. A categoria residencial ainda poderia desdobrar-se em duas subcategorias; uma delas, composta pelas famílias comprovadamente pobres, seria a subcategoria social, a única a receber subsídios via tarifas, e a outra, composta pelas demais famílias.

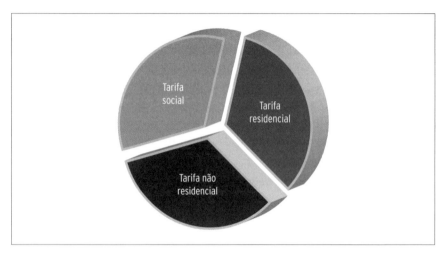

Figura 6.3: Segmentação dos clientes do saneamento.

A categoria não residencial poderia também comportar uma subcategoria especial, formada pelos grandes clientes industriais, em relação aos quais o fornecimento dos serviços admitiria contratos de demanda específicos, prevendo, eventualmente, a participação direta do próprio cliente na realização dos investimentos necessários para realizar o seu atendimento.

Segmentação de clientes por padrões de renda

A estratégia de praticar tarifas diferenciadas conforme o padrão de renda do cliente justifica-se diante do objetivo social de universalizar o acesso dos mais pobres aos produtos e serviços dos sistemas de saneamento. Assim, a tarifa oferecida à população carente levará em conta o seu limitado poder aquisitivo, sendo subsidiada na medida necessária para incluí-la no sistema. No Capítulo 7, na seção "Resultados da gestão social dos serviços de saneamento" (p. 125), apresenta-se um método de medição da capacidade dos sistemas de saneamento em realizar a mitigação dos efeitos sociais provocados pela má distribuição de renda, típica dos países em desenvolvimento. Esse método é útil na definição de programas de subsídios às populações carentes e na posterior avaliação estratégica dos seus resultados.

Estratégias de relacionamento com clientes

A gestão tarifária cria, naturalmente, múltiplas oportunidades de relacionamentos com os clientes e o sucesso da gestão depende da forma como tais relacionamentos se estabelecem e se desenvolvem. O autor deste livro optou por limitar-se à recomendação de algumas estratégias de relacionamento com os clientes que podem facilitar o atendimento aos diversos objetivos propostos neste capítulo.

- *Levantamento e monitoramento contínuos dos perfis de demanda e dos índices de elasticidade dos clientes.* Cada categoria de cliente apresenta um perfil de demanda próprio, matematicamente representável por meio da sua respectiva curva de demanda e do seu respectivo índice de elasticidade. A estratégia de levantar essas curvas e índices, e de mantê-los atualizados, é fundamental na gestão tarifária e na gestão da demanda.
- *Política de medição de 100% dos consumos.* O setor de saneamento é criticamente vulnerável às perdas de faturamento decorrentes da falta e/ou da imprecisão das medições de consumo. Uma política de medir 100% os consumos, de todos os consumidores e com a melhor precisão possível, constitui um desafio gerencial e tecnológico, mas oferece possibilidades de altos retornos econômicos e financeiros.
- *Estabelecimento e gestão de um cadastro social que identifique os clientes pobres e subsidiados.* A gestão de um cadastro social tem valor estratégico por ser vulnerável a manipulações políticas e fraudes, além de exigir competências gerenciais, estatísticas e de auditoria para se manter atualizado. A gestão apropriada do cadastro social é indispensável para se conciliar os objetivos de eficiência econômica com os de universalização do acesso aos serviços de saneamento.
- *Estabelecimento de contratos de demanda específicos com grandes clientes.* Os grandes clientes podem ajudar a reduzir os custos de ociosidade de um sistema e essa redução de custos, por sua vez, pode viabilizar a prática de uma tarifa especial e vantajosa para o cliente, para a empresa operadora e, indiretamente, para os demais clientes que se beneficiam da redução geral de custos do sistema. Esses contratos de demanda admitem uma série de ajustes que facilitam a viabilização do contrato em si e do sistema como um todo. Entre outros ajustes, podem ser citados os seguintes: exploração das fontes próprias, dos reservatórios e/ou das demais unidades intraplanta eventualmente pertencentes ao cliente; participação do cliente nos custos dos investimentos necessários para ligá-lo ao sistema; e multas contratuais no caso de a deman-

da contratada não se materializar (de maneira a não transferir para a empresa de saneamento os riscos gerenciais dos seus clientes não residenciais).

- *Suspensão dos serviços por inadimplência.* Esgotados os recursos legais de avisos de vencimentos de débitos e os prazos correspondentes, a empresa operadora de um serviço de saneamento pode suspender o fornecimento dos serviços como forma de desestímulo à inadimplência. As empresas brasileiras do setor que adotam essa estratégia sofrem uma inadimplência inferior a 1% em relação ao valor do faturamento mensal – somando-se todas as contas com mais de trinta dias de atraso.

- *Critérios restritivos para aceitação de efluentes não domésticos nas redes coletoras de esgotos.* Os efluentes não domésticos significam, normalmente, menos de 2% do volume total dos esgotos operados em um sistema típico. Se aceitos no sistema, eles acrescentarão uma receita insignificante para a empresa operadora, mas esta assumirá um risco importante de contaminação ambiental e de comprometimento da capacidade de tratamento do sistema. Em outras palavras, a gravidade desse assunto não permite que ele seja resolvido apenas no âmbito da gestão tarifária. Os efluentes não domésticos devem, a princípio, ser evitados nas redes públicas de esgotos sanitários. A contaminação industrial, segundo o princípio ambiental da separação dos resíduos na fonte, deve ser tratada no próprio local onde tiver sido gerada, em instalações próprias intraplanta, totalmente independentes do sistema público destinado aos esgotos domésticos.

ESTRUTURAS TARIFÁRIAS E POLÍTICA TARIFÁRIA

A estrutura tarifária de uma empresa operadora de serviços de saneamento é formada pela composição dos seus diversos preços relativos, que se diferenciam entre si em função das quantidades demandadas pelos consumidores. Em termos microeconômicos, uma estrutura tarifária define a *curva de oferta* dos serviços prestados pela empresa operadora.

Uma empresa operadora de serviços de saneamento terá, em princípio, diversas estruturas tarifárias – uma estrutura para cada categoria (e/ou subcategoria) de cliente, conforme a sua estratégia comercial de segmentação de clientes.

Assim, por exemplo, haverá uma estrutura tarifária para a categoria residencial padrão, outra para a subcategoria residencial social e outra ainda para a categoria não residencial.

Os gráficos que compõem a Figura 6.4 representam modelos de estruturas tarifárias, construídas como linhas escalonadas sobre um plano cartesiano. São linhas que associam as quantidades demandadas mensalmente (referidas no eixo horizontal) às receitas tarifárias correspondentes (referidas no eixo vertical). As linhas pontilhadas representam, em todos os gráficos, os custos de produção. Essas linhas pontilhadas associam as quantidades demandadas mensalmente (referidas no eixo horizontal) aos respectivos custos totais correspondentes (referidos no eixo vertical).

A distância vertical entre as duas linhas representadas em cada figura (= receita-custo) significa *superávit de arrecadação* quando as receitas superam os custos. E significa *subsídio ao consumidor* em caso contrário. A parcela do

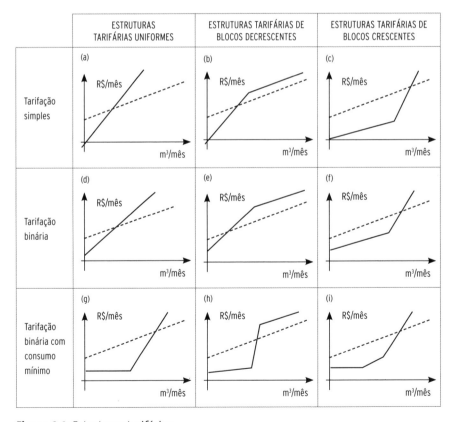

Figura 6.4: Estruturas tarifárias.

Fonte: Nielsen et al., 2003.

subsídio ao consumidor que é compensada pelo *superávit* denomina-se *subsídio cruzado* e representa uma transferência líquida de recursos de um grupo de consumidores em benefício de outro.

Os diversos modelos de estruturas tarifárias apresentados na Figura 6.4 correspondem a uma mesma tarifa média. Eles serão comparados entre si, em seguida, quanto às vantagens e desvantagens que oferecem à gestão dos serviços de saneamento e quanto aos objetivos de política tarifária a que podem atender.

Estrutura tarifária simples e uniforme

Esse modelo, representado na Figura 6.4(a), corresponde à mais simples estrutura possível, reduzida a um único valor de tarifa por metro cúbico, qualquer que seja a demanda do usuário. Cabe notar que a tarifa média uniforme introduz, inevitavelmente, um efeito real de subsídios cruzados, transferidos dos maiores para os menores usuários do sistema.

A estrutura simples, definida pela tarifa média uniforme, pode ser inadequada para fins práticos. Isso porque, embora tal estrutura propicie um efeito de subsídios cruzados, conforme visto anteriormente, ela não permite flexibilidade na graduação do efeito, impossibilitando, portanto, a administração da tarifa como elemento gerencial de redistribuição de custos entre usuários. Mesmo assim, será útil considerar essa estrutura de tarifas uniformes para fins comparativos com as demais estruturas possíveis, discutidas a seguir.

Estruturas tarifárias de blocos decrescentes

As estruturas tarifárias de blocos decrescentes, representadas nas Figuras 6.4(b), 6.4(e) e 6.4(h), são estabelecidas visando aos seguintes objetivos:

- Refletir os possíveis efeitos de economias de escala e de custos marginais, associados ao atendimento a grandes usuários.
- Apoiar o desenvolvimento industrial dependente de grandes consumos.
- Viabilizar contratos de demanda com grandes consumidores que são capazes de reduzir a ociosidade da capacidade instalada existente.

Estruturas tarifárias de blocos crescentes

As estruturas tarifárias de blocos crescentes, representadas nas Figuras 6.4(c), 6.4(f) e 6.4(i), são indicadas como soluções para atender aos seguintes objetivos:

- Estimular a conservação dos recursos hídricos, em particular por parte dos maiores consumidores.
- Facilitar a universalização do acesso da população mais carente a uma demanda mínima, que pode ser oferecida a preços bastante subsidiados.

Estruturas tarifárias binárias

As estruturas de tarifas binárias são compostas de duas parcelas: uma fixa e outra variável. Elas estão representadas nas Figuras 6.4(d), 6.4(e), 6.4(f), 6.4(g), 6.4(h) e 6.4(i).

As vantagens dessas estruturas são diversas e, em particular, as seguintes:

- Eficiência econômica, porque tem maior aderência em relação ao perfil real dos custos que ocorrem num sistema. A parcela fixa da tarifa pode cobrir, total ou parcialmente, os correspondentes custos fixos do sistema.
- Maior equidade no tratamento aos diversos usuários. Particularmente os pequenos usuários residenciais tenderão a ser cobrados em maior conformidade com o ônus que de fato impõem ao sistema, tendo em vista que esses usuários impõem elevados custos fixos à empresa prestadora dos serviços.
- Garantia de receita mínima, especialmente durante os meses de menor demanda, quando essas estruturas tarifárias são aplicadas a sistemas com significativas populações flutuantes.
- Maior flexibilidade no exercício de definição dos preços: as parcelas fixa e variável podem ser graduadas, seja para estimular ou desestimular consumos, seja para atender a exigências de caráter social quanto a grupos específicos de consumidores.
- As tarifas binárias podem ter a parcela variável estruturada como blocos crescentes, como blocos decrescentes ou até mesmo como tarifas uniformes.
- Essa estrutura pode ser adotada nos sistemas em que a leitura e a manutenção dos hidrômetros sejam insuficientes ou inadequadas, garantindo uma

receita mínima estimada (sendo que esta, aliás, é a situação mais frequente no caso dos sistemas de saneamento do Brasil).

- Essa estrutura aplica-se nas situações em que parte da população é medida e parte não o é, inclusive permitindo o emprego de alguma política de estímulo à compra de hidrômetros por parte dos usuários ainda não medidos (através de uma graduação adequada dos parâmetros fixos e variáveis que definem o valor da conta mensal dos serviços).

Estrutura tarifária binária com consumo mínimo

Essa estrutura combina as características da tarifa binária, apresentadas na seção anterior, com a introdução de uma cota mínima de demanda definida, preestabelecida. Essa demanda mínima preestabelecida define um primeiro trecho horizontal nas curvas das Figuras 6.4(g), 6.4(h) e 6.4(i).

As vantagens dessa estrutura binária, com consumo mínimo, são, em princípio, as mesmas apontadas anteriormente para a estrutura binária. Além disso, ela estimula um certo consumo de água até o valor correspondente à cota mínima, e isso pode ser recomendável, e até educativo, de um ponto de vista sanitário, particularmente no que diz respeito à higiene pessoal e à habitação.

Estrutura tarifária horossazonal

É possível adotar uma estrutura tarifária sazonal, variável conforme as estações do ano ou durante os dias da semana. Da mesma forma, é possível adotar uma estrutura tarifária variável conforme as horas do dia; seria, nesse segundo caso, uma estrutura tarifária horária.

Esse conceito, de tarifas variáveis no tempo (chamadas, genericamente, de *tarifas horossazonais*), pode ser associado a qualquer uma das estruturas anteriormente apresentadas, o que significa que é possível construir uma estrutura de tarifas binárias com consumo mínimo definido, em blocos crescentes, por exemplo, e que, além disso, sejam também sazonais.

O processo de implantação de um modelo de tarifas horossazonais no estado do Paraná é descrito por Haro dos Anjos e Roginski Santos (1997).

Os pontos P e F da Figura 6.5 definem, respectivamente, os resultados da aplicação de uma estrutura tarifária horossazonal, em períodos de *ponta*, quando a demanda é máxima, e *fora de ponta*, quando a demanda é mínima.

Neste capítulo, mais adiante, apresenta-se um modelo matemático que permite identificar os custos sazonais (ou horários), alocando-os às estações do ano (ou às horas do dia), conforme as suas respectivas origens, visando empregá-los na definição de tarifas horossazonais.

Convém destacar que a estrutura tarifária e a curva de demanda (esta estudada no Capítulo 3, p. 38) são linhas que, ao se cruzarem, como nos pontos P e F da Figura 6.5, formam *as duas lâminas* de uma tesoura. Tesoura que, na famosa metáfora de Alfred Marshall, define o valor de mercado de um bem e, ao mesmo tempo, o seu nível de produção.

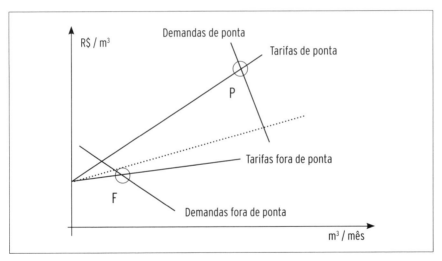

Figura 6.5: Estrutura tarifária horossazonal.

Estruturas tarifárias construídas como expressão de uma política tarifária

Depois de discutidas as curvas de demanda e apresentados os diferentes modelos de estruturas tarifárias, cabe considerar os critérios gerais que devem ser adotados na construção dessas estruturas. Quantos blocos deveriam compor uma estrutura tarifária, por exemplo? E quanto ao escalonamento dos blocos, como deveriam ser definidas as proporções entre os preços relativos que compõem a estrutura?

Um primeiro critério básico, aqui recomendado, é o da simplicidade. Não há justificativa técnica relevante, por exemplo, para se construir uma estrutura tarifária em blocos que seja formada por mais do que dois ou três blocos. E nem mesmo se justifica, a princípio, a utilização de blocos tarifários para outras categorias que não seja a residencial. Assim, a simplicidade de uma estrutura tarifária é sempre justificável porque ela permite que o cliente entenda com facilidade os preços dos serviços que ele utiliza.

Um segundo critério básico a ser observado na construção de uma estrutura tarifária, e na sua manutenção, é o de se fazer ajustes graduais e de longos prazos de vigência nos preços relativos. É necessário reconhecer que existe um processo interativo complexo, normalmente lento, entre o reajuste de um preço e a resposta efetiva a esse preço na forma de alterações na demanda. Choques tarifários de qualquer natureza devem, se possível, ser evitados. Eles podem introduzir perturbações nesse processo interativo entre demanda e preço, induzir perdas de receita por evasões e gerar resistências políticas contra a empresa operadora de um serviço público. Cabe, finalmente, reconhecer que a técnica de construção das estruturas tarifárias de um sistema de saneamento sempre significará um exercício de escolhas. Tal construção será, nesse sentido, uma expressão da política tarifária, orientadora para a ação dos agentes e apoiada, mas não exclusivamente determinada, pelos estudos técnicos que o melhor conhecimento da realidade permite.

TARIFAS HORÁRIAS E SAZONAIS

A presente seção apresenta um modelo de cálculo dos valores das tarifas de saneamento, fundamentado na determinação dos custos que ocorrem nos períodos de ponta e fora de ponta do sistema a que se referem. Esse modelo decompõe o custo incremental médio de longo prazo (CIMLP) de um sistema de saneamento em custos de ponta e fora de ponta, conhecidas a variação da demanda ao longo do tempo, a duração e a frequência dos períodos de ponta e a elasticidade da demanda na ponta e fora da ponta. Os custos, assim determinados, são utilizados no cálculo das tarifas horárias e/ou sazonais e/ou horossazonais dos sistemas. O modelo, proposto por Haro dos Anjos (2009d), ainda oferece ao gestor uma certa margem de flexibilidade na definição de valores tarifários que sejam capazes de cobrir os custos, cuja variação temporal ele identifica.

É oportuno registrar que, no âmbito deste modelo, o período de ponta de um sistema de saneamento corresponde ao intervalo de tempo recorrente, medido em dias ou horas, durante o qual a demanda média mantém-se significativamente acima da demanda média diária do sistema. Já o período fora de ponta corresponde por definição a todo o tempo restante, não coberto pelo período de ponta.

O modelo matemático apresentado a seguir foi construído na suposição de que existe um custo unitário CIMLP F de um sistema ideal, teórico, que ocorreria nos períodos fora de ponta atendendo à demanda máxima, permanentemente, portanto, sem absorver os custos de ociosidade – horários ou sazonais –, devidos às flutuações da demanda.

Já o custo na ponta CIMLP P, desse mesmo sistema, corresponde a um custo de equilíbrio, que, combinado ao CIMLP F, explica o CIMLP.

Decorre dessas definições iniciais que o CIMLP será uma média ponderada entre CIMLP P e CIMLP F, sendo os pesos dados pelos volumes de demanda realizados nos períodos de ponta e fora de ponta, respectivamente. Decorre também das definições iniciais que a totalidade dos custos devidos à flutuação da demanda será transferida ao custo unitário de ponta (CIMLP P).

As tarifas, por sua vez, serão compostas sob a condição de se fazer a tarifa média (To) igual a CIMLP. Essa condição busca garantir o equilíbrio financeiro do sistema.

Atendida a condição acima, as tarifas médias Tp e Tf (de ponta e fora de ponta, respectivamente) poderão formar combinações diversas dentro do intervalo delimitado por CIMLP F e CIMLP P (ver Figura 6.7, p.112).

Modelo de cálculo de tarifas de ponta e fora de ponta

As fórmulas (6.1) e (6.2) indicam os valores das tarifas médias Tf e Tp, aplicáveis aos períodos fora de ponta e de ponta, respectivamente.

As variáveis λ e η, nas fórmulas a seguir, representam as durações dos períodos de ponta e fora de ponta, respectivamente, expressas como frações do tempo total de operação do sistema. Assim, por definição, a soma dessas variáveis corresponde à unidade ($\lambda + \eta = 1$).

A variável R mede a amplitude da variação das demandas ao longo do tempo. Ela é definida matematicamente como a relação entre a demanda média diária de ponta (DP) e a demanda média diária fora de ponta (DF). Assim, por definição, R = DP/DF.

A variável ΔTF significa o desconto tarifário aplicável ao período fora de ponta. Ela é definida matematicamente como a diferença entre a To e a Tf. Assim, por definição, ΔTF = To − Tf.

Cabe destacar que a variável ΔTF é de natureza exógena, podendo assumir valores compreendidos dentro do intervalo indicado na expressão (6.4). Esse intervalo significa uma margem de escolha na definição dos valores de ponta e fora de ponta.

O modelo oferece ao gestor tarifário, na escolha do valor de ΔTF, um certo grau de liberdade na graduação do processo de transferência dos custos de ociosidade às tarifas de ponta.

Sobre essa margem de escolha associada ao valor exógeno ΔTF, assume-se, na concepção do modelo, que os usuários que utilizam os serviços de saneamento nos períodos de ponta provocam os picos de demanda e causam, subsequentemente, a ociosidade forçada dos sistemas nos períodos fora de ponta. Sendo assim, o modelo proposto permite transferir os custos de ociosidade às tarifas de ponta, para onerar os usuários na proporção dos ônus que estes impõem ao sistema, observados os limites do intervalo indicado na expressão (6.4).

No limite inferior do citado intervalo, para ΔTF = 0 (zero), Tp e Tf seriam idênticas, iguais a CIMLP.

Já no limite superior indicado, as tarifas médias Tp e Tf coincidiriam com os custos incrementais médios de longo prazo, CIMLP P e CIMLP F, conforme as fórmulas (6.7) e (6.8), respectivamente.

Os efeitos da elasticidade da demanda sobre a geração das receitas tarifárias são estimados por meio dos índices de elasticidade preço *ep* e *ef*, referentes às curvas de demanda de ponta e fora de ponta, respectivamente.

Fórmulas:

$$Tf = To - \Delta TF \qquad (6.1)$$

$$Tp = To + \Delta TF \cdot (\eta/\lambda.R) \qquad (6.2)$$

sendo:

To = CIMLP (6.3)
$0 \leq \Delta TF \leq (1 - 1/R) \cdot \eta \cdot To$ (6.4)
R = DP/DF (6.5)
CIMLP = Σ (Ci/(1 + r)^i)/365.Σ ((η(DF)$_i$ + λ (DP)$_i$)/(1 + r)^i) (6.6)

Na fórmula (6.6):

- Ci = custos incrementais anuais, de investimentos, operação e administração, ocorridos no ano "i" e alocados ao sistema considerado.
- r = taxa anual de atualização do estudo, equivalente ao custo de oportunidade do capital considerado.
- i = ano de referência, variável desde 0 até n.

CIMLP F = $(\lambda + \eta/R) \cdot$ CIMLP (6.7)
CIMLP P = $(1 + (\lambda \cdot R/\eta) - (\eta/R) - \lambda) \cdot (\eta/\lambda \cdot R) \cdot$ CIMLP (6.8)

As expressões (6.7) e (6.8) coincidem, respectivamente, com as expressões (6.15) e (6.20), apresentadas na próxima seção, na qual são matematicamente demonstradas.

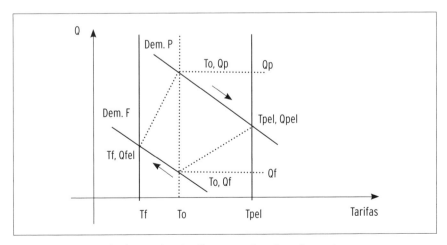

Figura 6.6: Curvas de demanda e tarifas na ponta e fora de ponta.

Para avaliar o efeito da elasticidade-preço no valor da tarifa Tp, basta substituir *Tp* por *Tpel*, e *R* por *Rel* na fórmula (6.2), sendo Rel definido pela expressão (6.9), abaixo:

$$Rel = (To + ep \cdot \Delta Tpel)/(To - ef \cdot \Delta Tf) \qquad (6.9)$$

Note-se que *ΔTpel* precisa ser determinado para se calcular *Rel* na fórmula (6.9), e isso requer a solução da equação do 2º grau abaixo:

$$\Delta TPel^2 (\lambda \cdot R \cdot ep) + \Delta Tpel \cdot (\lambda \cdot R \cdot To) - \Delta TF \cdot \eta \cdot (To - ef.\Delta TF) = 0 \qquad (6.10)$$

Note-se, também, que Tpel pode ser obtido imediatamente, uma vez determinado o valor de ΔTPel, já que, por definição: *Tpel = To + ΔTpel*.

A Figura 6.7 ilustra um exemplo de aplicação das fórmulas ora apresentadas. Ela foi construída considerando-se um sistema cuja tarifa média é igual ao CIMLP, no valor de R$ 1,00/m³, e cujos fatores R, η e λ são respectivamente iguais a 2,38, 0,67 e 0,33. Os índices de elasticidade ep e ef adotados foram ambos iguais a -0,25.

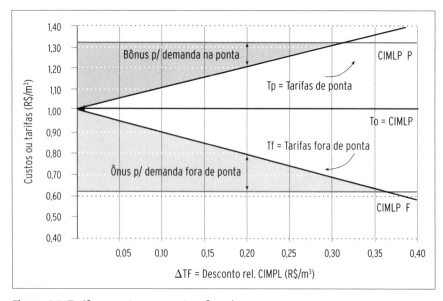

Figura 6.7: Tarifas e custos na ponta e fora de ponta.

A Figura 6.7 mostra a inevitável transferência de recursos que se estabelece entre usuários quando as tarifas horossazonais *não são* aplicadas. De fato, a aplicação de uma tarifa *convencional* constante ao longo do tempo e igual a R$ 1,00/m³, no caso do exemplo mostrado, equivale a transferir um bônus de R$ 0,32/m³ ao cliente que consumir nos períodos de ponta (bônus = 1,32 − 1,00 = 0,32), justamente quando o sistema estará mais saturado em termos de utilização de capacidade. Por outro lado, essa mesma tarifa convencional implicará a imposição de um ônus igual a R$ 0,39/m³ ao cliente que consumir em período fora de ponta (ônus = 1,00 − 0,61 = 0,39), quando o sistema estará, então, operando em condição de máxima ociosidade.

Essas distorções causadas pelas tarifas uniformes, que não admitem variações temporárias, correspondem à prática comum do setor de saneamento. Essas distorções são contrárias ao princípio da equidade e provocam ineficiência. Elas estimulam a construção de sistemas superdimensionados para atender aos picos de demanda, os quais, por sua vez, são estimulados pelos próprios preços adotados.

A Figura 6.7 também revela que a empresa prestadora dos serviços poderá reduzir esse efeito de transferência de recursos entre usuários e as ineficiências decorrentes se decidir, por exemplo, oferecer um desconto (ΔTF) de 0,20/m³ nos períodos fora de ponta, em relação ao valor da tarifa média, e um acréscimo de R$ 0,17/m³ nos demais períodos. Nesse caso, as tarifas Tp e Tf resultariam iguais a R$ 0,80/m³ e R$ 1,17/m³, respectivamente. O bônus de consumo na ponta e o correspondente ônus de consumo fora da ponta se reduziriam, nesse segundo caso, respectivamente, a 0,15/m³ (= 1,32-1,17) e a R$ 0,19/m³ (= 0,80-0,61).

No limite, o efeito de transferência de recursos entre usuários poderia ser totalmente evitado. Para uma tarifa Tf igual a R$ 0,61/m³, a correspondente tarifa Tp seria igual a R$ 1,32/m³. Nesse caso limite, o valor de Tf seria mínimo e o valor de Tp máximo, considerando-se as combinações possíveis de valores para Tf e Tp capazes de gerar a tarifa média de equilíbrio, igual a CIMLP, observados os limites da expressão (6.4). Fica evidente, na Figura 6.7, que Tf mínimo é igual a CIMLP F, e que Tp máximo é igual a CIMLP P.

Note-se que no caso limite, referido anteriormente, o estímulo de preço para consumir no período de ponta, que era igual a R$ 0,32/m³ na situação inicial de tarifa constante, é totalmente retirado e substituído por um outro estímulo, de valor muito maior, para consumir fora da ponta, igual a R$ 0,71/m³ (= 1,32- 0,61).

Custos na ponta e fora de ponta: demonstração das expressões (6.7) e (6.8)

As expressões matemáticas apresentadas nesta seção, e na próxima, são resultados do modelo desenvolvido por Menon Moita et al. (1996).

Por definição, e conforme a expressão (6.6) apresentada na seção anterior:

$$CIMLP = \Sigma (C_i/(1 + r)^i)/365 \cdot \Sigma ((\eta(DF)_i + \lambda (DP)_i)/(1 + r)^i)$$

É possível estimar um valor mínimo, teórico, para CIMLP, que será denotado como CIMLPmin, fazendo-se, na expressão (6.6), reproduzida acima, $\lambda = 1,0$ e η = zero, isto é, assumindo-se a hipótese de que a demanda de ponta durasse 24 h/dia (365 dias ao ano):

$$CIMLPmin. = \Sigma (C_i/(1 + r)^i)/365 \cdot \Sigma (DP)_i/(1 + r)^i) \qquad (6.11)$$

A relação entre CIMLP e CIMLPmin pode ser interpretada como a expressão do ônus imposto ao sistema pelo efeito horossazonal da demanda[2]. Tal ônus pode ser expresso, então, através de um fator "f" assim determinado:

$$f = CIMLP/CIMLPmin \qquad (6.12)$$

Substituindo (6.6) e (6.11) por (6.12), e sendo $DP = R \cdot DF$:

$$f = R/(\lambda \cdot R + \eta) \qquad (6.13)$$

---

2. Assume-se, neste cálculo, que o valor de C_i seja o mesmo nas expressões (6.11) e (6.12), o que é verdadeiro no que se refere aos custos de investimentos que compõem C_i, mas apenas aproximado no que se refere aos custos operacionais que também o compõem. Como os custos dos investimentos são preponderantes, a aproximação assumida não introduz erros significativos.

Para excluir, durante o período fora de ponta, os custos de horossazonalidade que são impostos ao sistema, pode-se fazer:

CIMLP F = CIMLPmin   (6.14)

sendo CIMLP F o custo alocado ao período fora de ponta.
Substituindo-se (6.12) e (6.13) por (6.14) resulta:

CIMLP F = $(\lambda + \eta/R) \cdot$ CIMLP   (6.15)

Para que o custo médio CIMLP seja preservado, e desde que se imponha, durante o período fora de ponta, um custo CIMLP F igual a CIMLPmin, resta determinar o valor do custo médio atribuível ao período de ponta, denotado por CIMLP P.

Isso se faz considerando-se que CIMLP corresponde a uma média ponderada entre CIMLP P e CIMLP F, sendo os pesos dados pelos respectivos volumes incrementais atualizados, na ponta e fora da ponta, denotados por QP e QF.

CIMLP P = ((CIMLP x (QP + QF)) - (CIMLP F) x QF / QP   (6.16)

Sendo:

QF = $365 \cdot \eta \cdot \Sigma \, (DF_i)/(1 + r)^i)$ (6.17)
QP = $365 \cdot \lambda \cdot R \cdot \Sigma \, (DF_i/(1 + r)^i)$ (6.18)

De (6.17) e (6.18) obtém-se :

QP = $(\lambda \, R/\eta)$ QF   (6.19)

Substituindo (6.15) e (6.19) em (6.16) obtém-se:

CIMLP P = $(1 + (\lambda \cdot R/\eta) - (\eta/R) - \lambda) \cdot (\eta/\lambda \cdot R) \cdot$ CIMLP   (6.20)

As expressões (6.15) e (6.20) correspondem, respectivamente, aos custos fora de ponta e na ponta, expressos em função do CIMPL de um sistema de saneamento sujeito à ocorrência de demandas concentradas em algumas horas de cada dia e/ou durante alguns meses em cada ano. Essas expressões (6.15) e (6.20) coincidem, respectivamente, com as expressões (6.7) e (6.8) apresentadas na seção anterior, em que elas são utilizadas no modelo de composição de tarifas horossazonais.

Custos sazonais devidos às variações sazonais da oferta

Os sistemas de abastecimento de água dependem da exploração de recursos naturais (hídricos, neste caso), cujos regimes podem impor restrições de caráter sazonal à oferta do produto.

Geralmente, obedecendo a imperativos de ordem econômica, os mananciais utilizados para o abastecimento de uma cidade são explorados segundo a prioridade lógica de que, ao longo do tempo, procura-se obter a água procedente da fonte mais barata, até que, por insuficiência desta, parte-se para explorar uma segunda fonte, mais distante e cara, e assim sucessivamente enquanto o crescimento das próprias necessidades assim o exigir. Considerando-se que tais fontes, especialmente quando constituídas por mananciais superficiais, são sujeitas a grandes oscilações de produção, sempre existe risco na decisão de explorá-las, assim como na decisão de considerá-las insuficientes.

Dentro de certos limites, esses riscos podem ser administrados. As vazões de um manancial podem ser regularizadas por meio da construção de barragens e/ou complementadas por vazões retiradas de bacias mais distantes, pelos chamados sistemas de reversão, também denominados sistemas de regularização, ou perenização, ou de reforço.

A avaliação dos CIMLP pode ser útil para identificar os ônus impostos aos sistemas de abastecimento de água cujos mananciais dependem desse tipo de reforço. Os sistemas de reforço, por sua vez, constituem-se no equivalente às *usinas de ponta* utilizadas no setor elétrico, com a diferença que estas operam com uma intermitência de outra amplitude; realmente, os sistemas de reforço, típicos do setor de saneamento, podem passar vários meses consecutivos sem operar, dependendo do comportamento do manancial principal, cuja exploração é priorizada por ser mais econômica.

Cálculo do CIMLP devido à sazonalidade da oferta – custo de reforço de mananciais

Seja (DPr)i a demanda média diária atendida pelo sistema principal durante a estação seca do ano i.

Seja (DRe)i a demanda média diária atendida pelo sistema de reforço durante a estação seca do ano i.

Seja γi = (DRe)i/(DPr)i (6.21)

Sejam CIMLP Pr e CIMLP Re os custos incrementais médios de longo prazo correspondentes, respectivamente, ao sistema principal e ao sistema de reforço.

Para fins de tarifação, podem ser considerados dois custos de referência, a serem praticados alternadamente ao longo do ano:

- Quando opera somente o sistema principal, durante o período úmido. Nesse caso, o custo a considerar é o próprio CIMLP Pr.
- Quando o sistema de reforço opera complementando a produção do sistema principal, o custo resultante CPRi deve corresponder a uma ponderação dada pelos valores de CIMLP Pr e CIMLP Re, sendo os pesos, nesse caso, respectivamente (DPr)i e (DRe)i, já que a água distribuída será proveniente de ambos os sistemas (*principal* e de *reforço*).

CPRi – (CIMLP Pr × (DPr)i + CIMLP Re · (DRe)i) / ((DPr)i + (DRe)i)

(6.22)

Aplicando-se (6.21) em (6.22):

CPRi = (CIMLP Pr + γi · CIMLP Re)/(1 + γi) (6.23)

Nota: Quando o reforço não opera, pode-se assumir $\gamma i = 0$ e, nesse caso, sendo $CPRi = CIMLP\ Pr$, a expressão (6.23) confirma que os custos alocados aos períodos úmidos são apenas aqueles causados pelo sistema principal, dentro do modelo ora proposto, para fins de composição tarifária.

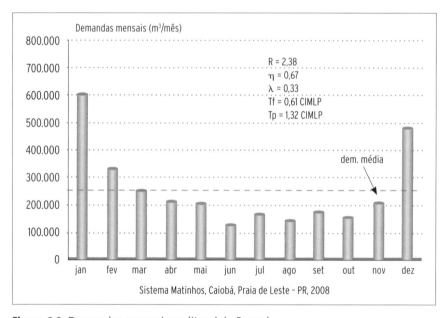

Figura 6.8: Demandas sazonais no litoral do Paraná.

EXERCÍCIOS

1. "O setor do saneamento constitui um monopólio natural". Você concorda com essa afirmação? Explique e apresente um gráfico para ilustrar sua explicação.
2. Na sua opinião, quais deveriam ser os objetivos de uma política tarifária para o setor do saneamento?
3. Não seria preferível uma empresa de saneamento adotar um sistema de tarifação pelo custo médio, portanto, uma estrutura tarifária uniforme? Não seria mais simples? Por que não se adota usualmente esse sistema? Explique.
4. Muitas empresas de saneamento adotam a estratégia tarifária de impor a cobrança de uma parcela fixa na conta mensal do cliente, independentemente do

seu consumo real. Você acha correta essa estratégia? Ela é justa? É justificável economicamente? Explique.

5. Qual é a lógica em que se baseiam os conceitos de tarifação horária, sazonal ou horossazonal? Em sua opinião, quais seriam as vantagens e as desvantagens de aplicar esses conceitos no setor do saneamento?

6. Aplicando o modelo de cálculo de custos sazonais, calcule os CIMLP referentes à alta e à baixa temporada de um sistema de abastecimento de água que atende a uma cidade turística, cujos dados relevantes, para este problema, são discriminados abaixo:

- Demanda média diária na alta estação: 25.000 m³/dia.
- Demanda média diária na baixa estação: 14.000 m³/dia.
- Duração da temporada de alta estação: 90 dias/ano.
- CIMLP médio = R$ 1,35/m³.

7 | Gestão social dos serviços de saneamento

INTRODUÇÃO

Este capítulo analisa a gestão social dos serviços de saneamento. Será apresentado o objetivo de universalizar o acesso da sociedade como um todo aos benefícios de água potável e do esgoto tratado. Em vista disso, serão sugeridas estratégias de gestão social que buscam conciliar a equidade social com a eficiência na gestão dos sistemas de saneamento. Por último, será apresentado um método de análise para medir os resultados da gestão social dos serviços de saneamento.

OBJETIVOS DA GESTÃO SOCIAL DOS SERVIÇOS DE SANEAMENTO

A gestão social dos serviços de saneamento contempla o objetivo geral de universalizar o acesso da sociedade como um todo aos benefícios da água potável e do esgoto tratado.

Esse objetivo geral desdobra-se, por sua vez, em objetivos mais específicos, como são, por exemplo, os chamados *Objetivos do Desenvolvimento do Milênio* das Nações Unidas, dos quais o Brasil é signatário.

Um dos objetivos de desenvolvimento do milênio estabelece que se deverá reduzir pela metade, até 2015, a proporção de população de 1990 sem acesso permanente à água potável segura e ao esgotamento sanitário (Figura 7.1).

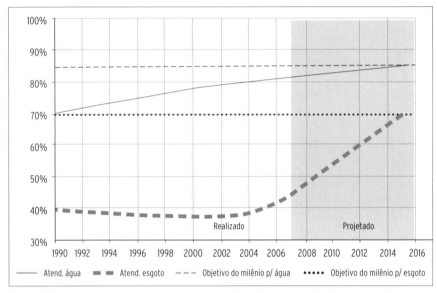

Figura 7.1: Saneamento no Brasil: níveis de atendimento e objetivos do milênio.
Fonte: PMSS, 2009.

ESTRATÉGIAS DE GESTÃO SOCIAL DOS SERVIÇOS DE SANEAMENTO

A universalização dos serviços de saneamento pressupõe o atendimento às necessidades de uma parcela da população cuja renda é insuficiente para cobrir os custos de tais serviços. Sendo a universalização uma decisão política, compete aos agentes do setor de saneamento definir estratégias para executá-la, tornado-a financeiramente viável. Nesse sentido, uma primeira escolha estratégica deverá ser feita: ou os custos da universalização serão financiados pelos contribuintes, como cidadãos ou, alternativamente, pelos próprios usuários dos sistemas de saneamento, como consumidores, por meio de subsídios cruzados entre eles.

Qualquer que seja a escolha do financiador do acesso universalizado (o contribuinte ou o usuário) outras escolhas estratégicas ainda deverão ser feitas. No caso de o financiamento ocorrer via contribuinte, por exemplo, quem será o contribuinte que deverá sofrer o ônus da universalização? O contribuinte federal, via imposto de renda? O contribuinte municipal, via impostos prediais? Outro?

No caso de o financiamento ocorrer via usuário, quem será o usuário que deverá sofrer o ônus da universalização? O usuário industrial, por explorar economicamente a água que utiliza? Os usuários das cidades maiores, em benefício dos usuários das cidades menores? Os usuários de maior renda?

Se a estratégia de financiamento da universalização dos serviços for mista, como frequentemente ocorre, as escolhas tornam-se ainda mais complexas. Em que proporção, e segundo quais critérios, serão repartidos os custos dessa universalização? Qual porcentagem desses custos deve ser transferida ao município? Qual porcentagem deve ser transferida ao tesouro nacional? Qual porcentagem deve ser transferida aos grandes usuários residenciais?

Quaisquer que sejam as escolhas, convém lembrar que elas serão imperfeitas e, portanto, passíveis de críticas. Medidas compensatórias, feitas em benefício de um grupo desfavorecido, geram, necessariamente, perdas de eficiência econômica que atingem a sociedade como um todo. Trata-se de um efeito inevitável, matematicamente demonstrável, que a teoria econômica costuma denominar como *ineficiência alocativa dos recursos*.

Ainda mais: no mundo real, as medidas compensatórias nunca são totalmente aproveitadas pelos grupos desfavorecidos a que se destinam e, frequentemente, sobrecarregam de uma forma desproporcional algum grupo em particular (a indústria, os pobres, a classe média, os inquilinos residenciais e/ou outros). Apesar disso, a consciência ética das sociedades modernas normalmente entende que é menos injusto transferir recursos para uma população comprovadamente carente do que simplesmente deixar de fazê-lo. De qualquer forma, a observação da experiência acumulada na gestão dos sistemas de saneamento mostra que é possível atingir um grau de compromisso satisfatório entre eficiência e equidade, garantindo, por um lado, a viabilidade financeira dos sistemas e, por outro, o acesso universal aos benefícios do saneamento.

Estratégias de gestão social: eficiência com equidade

Apresenta-se, a seguir, uma lista de possíveis estratégias de gestão social dos serviços de saneamento que têm se mostrado, na prática, capazes de compatibilizar as exigências da eficiência com as da equidade. A lista não pretende ser completa, mas, sim, constituir uma referência no que diz respeito à gestão. Note-se que algumas das estratégias indicadas a seguir já foram previamente indicadas neste livro. A repetição justifica-se, neste caso, considerando-se que uma mesma estratégia, previamente indicada por ser eficiente, será aqui repetida por contribuir para a equidade social.

- Estabelecer uma política tarifária que promova a transferência de recursos da população mais abastada para a população carente (sistema de subsídios cruzados e tarifas sociais). Os dados disponíveis sobre as companhias estaduais de saneamento do Brasil sugerem que esses subsídios cruzados deveriam ser da ordem de 5% da receita total para beneficiar 10% da população total (os mais pobres).
- Limitar o volume dos recursos que formam os subsídios cruzados ao mínimo possível para evitar injustiças sociais e desperdícios de recursos.
- Criar e gerenciar um cadastro dos clientes carentes (*Cadastro social*). A gestão do *Cadastro social* tem valor estratégico por ser vulnerável a manipulações políticas e fraudes, além de exigir competências gerenciais, estatísticas e de auditoria para se manter atualizado. A constância de um nome nesse cadastro deve ser condicionada à permanência comprovada do beneficiário correspondente na condição de pobreza.
- Estabelecer sistema de subsídios cruzados entre cidades diferentes, de forma a transferir parte dos ganhos de economias de escala dos sistemas maiores para os menores. Os sistemas poderão ser agrupados regionalmente, segundo regiões metropolitanas ou bacias hidrográficas, ou mesmo em nível estadual, para possibilitar a prática desse tipo de subsídios cruzados.
- Aplicar recursos governamentais de qualquer nível (federal, estadual ou municipal) a fundo perdido nos sistemas de saneamento, limitados ao volume necessário para viabilizar a aplicação de tarifas sociais exclusivamente para os usuários do *Cadastro social* referido anteriormente.
- Incluir melhorias urbanísticas nos projetos de saneamento destinados a favelas e a áreas habitacionais deterioradas e/ou sujeitas a riscos de inundações, desmoronamentos ou contaminações por poluição ambiental. Essa estratégia é fundamental para se garantir, em longo prazo, a viabilidade técnica dos próprios sistemas de saneamento e dos seus benefícios à população alvo.
- Evitar a implantação de sistemas de saneamento em locais nos quais estes possam contribuir para consolidar ocupações urbanas precárias, situadas em áreas habitacionais deterioradas e/ou sujeitas a riscos de inundações, desmoronamentos ou contaminações por poluição ambiental. Em casos especiais, a estratégia de promover a realocação dos habitantes pode ser a mais recomendável, particularmente no caso de ocupações precárias implantadas em áreas de mananciais, inundáveis e/ou em encostas de altas declividades.

- Incluir ações de educação sanitária e ambiental, e de organização comunitária, particularmente nos projetos de saneamento destinados às populações isoladas, rurais, periurbanas e/ou faveladas.
- Desenvolver e adotar tecnologias apropriadas às circunstâncias particulares de cada sistema, levando em conta as peculiaridades econômicas, sociais, geográficas e outras, visando obter soluções sustentáveis em cada caso. Em ilhas, por exemplo, podem ser adotados sistemas de captação de águas de chuva; nas áreas rurais, podem ser adotadas unidades simplificadas de tratamento de esgotos sanitários. Já a utilização de energia fotovoltaica ou, eventualmente, eólica pode ser uma solução bastante viável em locais isolados, permitindo a operação de pequenas estações de tratamento de água e, até, de bombeamento.

RESULTADOS DA GESTÃO SOCIAL DOS SERVIÇOS DE SANEAMENTO

Esta seção apresenta um método de análise para medir os resultados da gestão social dos serviços de saneamento, conforme proposto por Haro dos Anjos (2009b; 2009c). O método proposto permite comparar a desigualdade na distribuição de renda, de uma população qualquer, com a desigualdade quantitativa na utilização dos serviços de saneamento por parte dessa mesma população.

Esse método é uma forma de medição da capacidade de os sistemas de saneamento realizarem a mitigação dos efeitos sociais provocados pela má distribuição de renda, típica dos países em desenvolvimento, em geral, e do Brasil, em particular. Ele pode, por isso mesmo, ser empregado no estudo de políticas públicas de redução de desigualdades sociais e na posterior aferição dos seus resultados; na proposição de políticas de subsídios aos sistemas de abastecimento de água e na posterior aferição dos seus resultados; na definição de critérios para alocação de investimentos para fins sociais; na construção de políticas tarifárias; na definição de contratos de concessão; na gestão de parcerias público-privadas (PPPs); no estabelecimento de marcos regulatórios; para citar apenas algumas das suas possíveis aplicações.

O método proposto pode ser replicado em qualquer escala ou nível de agregação. Isso significa que as populações urbanas, objetos de análise, podem ser agregadas em escalas municipais, estaduais, nacionais ou mesmo internacionais.

Método de análise para medir os resultados da gestão social dos serviços de saneamento

Os dados disponíveis sobre um sistema de saneamento qualquer permitem, normalmente, a construção de uma curva de distribuição, como a apresentada na Figura 7.2. A curva representada nesta figura foi construída com informações obtidas junto à empresa operadora dos sistemas urbanos de distribuição de água do estado do Paraná (Sanepar, 2008). Denominada *Curva de Lorenz*, associa as porcentagens acumuladas da população atendida pelos sistemas (no eixo x do gráfico) com as respectivas porcentagens acumuladas dos volumes de água consumidos (no eixo y).

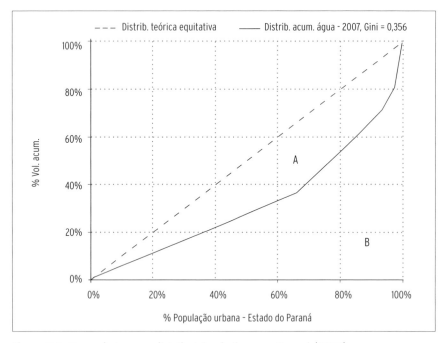

Figura 7.2: Curva de Lorenz: distribuição de água no Paraná (2007).
A e B: áreas referidas na Equação 7.1.
Fonte: Haro dos Anjos, 2009b.

Note-se que, quanto maior for a concavidade da curva de Lorenz, maior será a desigualdade da distribuição que ela representa. Essa desigualdade também pode ser quantificada por meio do *Índice Gini* da distribuição – um índice cujo valor situa-se entre os extremos 0 e 1. O valor 0 representa a igualdade perfeita e o valor 1, a desigualdade perfeita.

Em termos geométricos (ver Figura 7.2), o índice Gini é dado pela relação:

$$G = (A) / (A + B) \tag{7.1}$$

em que A é a área compreendida entre a curva de Lorenz e a linha reta definida pela equação y = x; e (A + B) é a área do triângulo situado abaixo dessa linha reta, entre a origem do gráfico e a abscissa 100%.

O índice Gini e a curva de Lorenz são elementos que permitem comparações significativas entre distribuições formadas por elementos de naturezas distintas entre si, tais como a distribuição da renda e a do consumo de água. Também permitem comparações entre cidades ou países em relação aos respectivos graus de desigualdade distributiva.

Tanto a curva de Lorenz quanto o índice Gini constituem medidas simples, de fácil entendimento e de boa sensibilidade matemática. Por isso continuam sendo universalmente adotadas, já há décadas, e reconhecidas como medidas de desigualdade válidas, apesar de todo o progresso das técnicas econométricas mais recentes, e mesmo depois do desenvolvimento de novos índices e modelos complexos para a medição das desigualdades sociais e econômicas. As Nações Unidas, por exemplo, possuem uma base de dados mundial sobre desigualdades de distribuição de renda, medidas em termos de coeficiente Gini e calculadas em séries históricas para todos os países (UNDP, 2008).

A Figura 7.3 apresenta a curva de Lorenz de distribuição de renda do Brasil no ano de 2005 sobreposta, para fins de comparação, à curva de distribuição dos consumos de água mostrada na Figura 7.2. A desigualdade na distribuição de renda do Brasil é quantificada em 0,564, que é o valor do índice Gini correspondente (UNDP, 2008). Note-se que o índice Gini para a distribuição de renda no estado do Paraná, onde se localiza a população urbana estudada, aproxima-se do valor do índice nacional. De fato, o índice referente ao Paraná foi igual a 0,528 no ano de 2006 (IBGE, 2006).

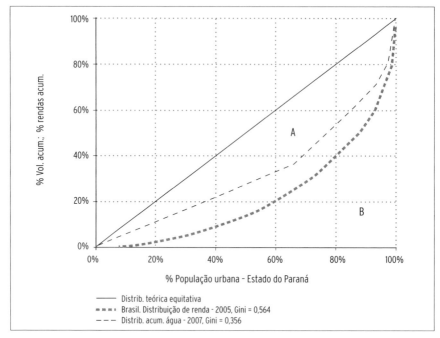

Figura 7.3: Distribuição de água no Paraná e de renda no Brasil.
A e B: áreas referidas na Equação 7.1.

Fonte: Haro dos Anjos, 2009b.

Essas comparações podem ser ampliadas em uma perspectiva internacional de referência: o índice Gini correspondente à distribuição de renda no Equador, por exemplo, foi igual a 0,628 em 2004 (UNDP, 2008). No mesmo ano, o índice Gini da distribuição de renda nos Estados Unidos foi de 0,372, enquanto na Inglaterra foi igual a 0,345 (UNDP, 2008).

Os cômputos do exemplo apresentado nesta seção significam medidas numéricas dos resultados da gestão social dos serviços de saneamento, gestão esta realizada no âmbito da população considerada. Esses cômputos também admitem uma interpretação de valor estratégico para fins de análise e construção de políticas públicas. Realmente, os sistemas de abastecimento de água considerados no exemplo anterior demonstram capacidade de ajudar na redução dos efeitos da má distribuição de renda do país. Isso porque esses sistemas são claramente mais igualitários na distribuição da água potável entre os seus usuários (Gini=0,356) que a economia do país na distribuição da renda entre os seus cidadãos (Gini=0,564).

Por outro lado, a aplicação do mesmo modelo aos sistemas de esgotamento sanitário do estado do Paraná, tomados como amostras, refletem os efeitos da má distribuição de renda do país, conforme mostra a Figura 7.4. Isso porque esses sistemas mostraram-se, no estudo, tão pouco igualitários na distribuição dos seus benefícios entre a população em geral (Gini = 0,552) quanto a economia do país na distribuição da renda entre os seus cidadãos (Gini = 0,564).

Cabe destacar que os problemas revelados pela desigualdade associada à utilização dos serviços de esgotamento sanitário, nesse caso, *não são* causados pelos sistemas de esgotos *existentes*, mas, ao contrário, decorrem da *inexistência* de sistemas de esgotos suficientes ou, mais exatamente, da *insuficiência* de sistemas – em número e capacidade – diante da demanda por esse tipo de serviço. Note-se que a terça parte da população considerada está excluída do acesso a qualquer tipo de esgotamento sanitário ambientalmente correto. Essa parcela da população é que torna o índice Gini tão elevado no caso apresentado na Figura 7.4.

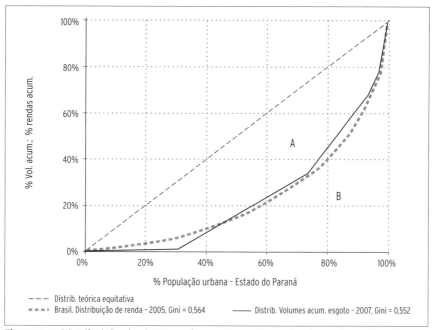

Figura 7.4: Distribuição de sistemas de esgotos no Paraná e de renda no Brasil. A e B: áreas referidas na Equação 7.1.

Fonte: Haro dos Anjos, 2009c.

EXERCÍCIOS

1. A universalização do acesso aos serviços de saneamento constitui um objetivo importante, de natureza política e social. Por outro lado, a eficiência na prestação dos serviços também constitui um objetivo importante, de natureza econômica. Os conflitos entre esses objetivos são inevitáveis, mas devem ser conciliados de alguma forma, mediante estratégias adequadas. Sugira exemplos de possíveis estratégias capazes de conciliar esses objetivos. Justifique.
2. Havendo a aceitação política e social de que o acesso da população pobre ao saneamento seja assegurado mediante subsídios, quem, na sua opinião, deverá ser o financiador deste subsídio? Deverá ser o cliente não pobre dos serviços de saneamento? Deverá ser o contribuinte federal? Ou o estadual? Ou o municipal? Justifique.
3. Este livro propõe um modelo matemático, o qual foi utilizado para relacionar a desigualdade de renda no Brasil com as desigualdades no acesso aos serviços de água potável e de esgotos sanitários que se verificam no país como um todo. Você teria uma ideia dos possíveis resultados da aplicação deste modelo à situação específica do seu estado ou do seu município (mesmo sem dispor das informações estatísticas exatas para realizar os cálculos do modelo)? Comente este assunto e tente relacioná-lo às estratégias de gestão social dos serviços de saneamento que são adotadas no âmbito estadual da região onde vive.

8 | Gestão do conhecimento e dos recursos humanos

INTRODUÇÃO

O conhecimento é um recurso econômico associado ao poder do trabalho humano. Como qualquer recurso econômico, ele pode ser utilizado para gerar benefícios e, portanto, para criar valor. É importante evitar a confusão de conceitos, aliás, muito comum, entre conhecimento e informação. Ambos constituem recursos econômicos, mas são fundamentalmente diferentes. A informação é um recurso que pode ser transmitido a distância, sendo capaz de ser armazenado, reproduzido, publicado e documentado em livros, jornais, redes de computadores e em qualquer recurso de mídia. O conhecimento, por outro lado, é um atributo pessoal; não existe, por definição, conhecimento separado da pessoa de quem é atributo.

> Conhecimento é um conjunto variável de experiências, valores, informações contextuais e visões especializadas que fornece um quadro de referência para a avaliação e incorporação de novas experiências e informações. Origina-se e é aplicado no nível mental dos seus portadores. (Davenport e Prusak, 1998)

Sendo assim, a gestão estratégica de uma organização deve tratar o conhecimento dos seus colaboradores como um recurso econômico inseparável das pessoas que o adquirem, desenvolvem-no e o compartilham no ambiente de trabalho. De várias formas, a *gestão de recursos humanos* significa, ou pelo menos deveria significar, *gestão do conhecimento*.

Neste capítulo, a gestão do conhecimento será abordada neste sentido: como uma administração de recursos econômicos vinculados ao comportamento e à valorização das pessoas.

OBJETIVOS DA GESTÃO DO CONHECIMENTO

Os objetivos gerais da gestão do conhecimento em uma organização qualquer devem ser o de proceder à utilização eficiente dos conhecimentos disponíveis e o de promover o aprendizado e a inovação, visando maximizar a sua capacidade de criação de valores.

ESTRATÉGIAS DA GESTÃO DO CONHECIMENTO

As atividades desenvolvidas pelas empresas que lidam com projetos em geral oferecem excepcionais oportunidades de criação de conhecimento. Durante o desenvolvimento de um projeto, muito conhecimento é criado no âmbito da equipe executora, e de todas as partes envolvidas nas atividades (os *stakeholders*), mas pouca atenção tem sido dada à captação, à explicitação e à difusão desse conhecimento gerado.

A não sistematização do conhecimento gerado, somada ao número, em geral acentuado, de pessoas com muita iniciativa, mas com baixa capacitação para finalizar os trabalhos que iniciam, constitui um problema sério para a difusão do conhecimento, pois esta é, tipicamente, uma das últimas *entregas* intangíveis de um projeto.

A não entrega desse produto – o conhecimento gerado durante o desenvolvimento de um projeto – deveria ser motivo de grande interesse e de gestão cuidadosa por parte dos dirigentes, já que corresponde a uma perda econômica para todos os envolvidos, notadamente para a organização executora do projeto. Essa perda se traduz pela dissipação do conhecimento adquirido, que segue com cada pessoa física que participou do projeto, mas que não permanece na pessoa jurídica na qual o projeto foi custeado e desenvolvido. Quando a equipe é desmobilizada cada integrante segue para outros projetos dentro da própria empresa ou para novos desafios oferecidos no mercado.

Em vista desse tipo de problema e do objetivo proposto na seção anterior, as estratégias de gestão do conhecimento organizacional devem, idealmente, permitir a sistematização do conhecimento gerado em cada um dos projetos da organização, a ampliação do conhecimento da equipe e da empresa, e a melhoria das chances de se concluir e entregar projetos de sucesso.

Wille e Haro dos Anjos (2003) propõem um modelo de gestão do desenvolvimento tecnológico, representado no Quadro 8.1, que constitui referência útil no processo de definição de estratégias para a gestão do conhecimento.

Quadro 8.1: Modelo de gestão do desenvolvimento tecnológico

CARACTERÍSTICAS DESCRITIVAS DE UM MODELO DE REFERÊNCIA DE GESTÃO DO DESENVOLVIMENTO TECNOLÓGICO	
1. Alinhamento estratégico	Visão clara sobre as competências essenciais a serem desenvolvidas e apoio da alta administração aos projetos de pesquisa e desenvolvimento que desenvolvem tais competências
2. Autonomia da área de pesquisa e desenvolvimento	Posição hierárquica, recursos orçamentários e representatividade funcional suficientes para que a gestão dos projetos de pesquisa e desenvolvimento tecnológico se dê no âmbito estratégico
3. Interfaces interativas entre a área de pesquisa e desenvolvimento e as demais áreas da empresa	Existência de mecanismos que facilitem e estimulem uma troca interativa de conhecimentos interpessoais e não apenas formais. Esses mecanismos trabalham com conhecimentos tanto tácitos como explícitos, e deles participam tanto os especialistas quanto os colaboradores operacionais das linhas de frente
4. Equipes de projetos heterogêneas	Os projetos de pesquisa e desenvolvimento são executados por meio de equipes bastante heterogêneas, normalmente provisórias, que admitem a participação de não especialistas e colaboradores externos representando toda a cadeia de valor em que se insere a empresa, dos fornecedores aos clientes, atuais ou potenciais
5. Comunicações internas informais	Existência de redes informais interpessoais, relacionadas ao negócio da empresa, mas desvinculadas da hierarquia, que permitam o fluxo direto de conhecimentos entre pessoas e áreas da organização. Essas redes utilizam-se de sistemas de comunicação como *intranets* e/ou teleconferências, mas não se restringem a esses meios
6. Oportunidades de desenvolvimento pessoal	Compartilhamento de resultados e oferecimento de experiências e treinamentos que valorizam a empregabilidade, não o emprego em si

Fonte: Wille e Haro dos Anjos, 2003.

As seis características descritivas de um modelo de gestão do desenvolvimento tecnológico, apontadas e explicadas no Quadro 8.1, sugerem estratégias de gestão do conhecimento aplicáveis, em princípio, a qualquer tipo de organização.

Cabe, porém, reconhecer que ainda que sejam necessárias, essas estratégias não seriam suficientes para a sustentação institucional do modelo descrito. Essa sustentação depende, naturalmente, de um substrato mais amplo, formado por certos valores e padrões culturais compartilhados no âmbito organizacional como um todo. Realmente, o modelo de referência proposto pressupõe a existência de um contexto organizacional e cultural cujas características são apresentadas e explicadas no Quadro 8.2.

Quadro 8.2: Valores culturais favoráveis à gestão do conhecimento

VALORES E PADRÕES CULTURAIS COMPARTILHADOS	
Clara percepção, por parte dos membros da organização, das diferenças entre *informação* e *conhecimento*	A informação pode ser gerenciada via recursos tecnológicos. O conhecimento pressupõe capacidades de avaliação e julgamento, dependendo da interação entre pessoas, e requer foco nos sistemas humanos como meio para aperfeiçoar processos, produtos e serviços. A cultura da empresa premia a partilha de conhecimentos entre seus membros
Espírito de grupo animado por um tipo de pensamento sistêmico	Percepção da organização como um todo por parte de cada colaborador e não somente por parte dos dirigentes ou planejadores. O rodízio de funções é comum entre os empregados
Valorização das oportunidades de trocas de conhecimentos e intercâmbios, parcerias e contatos interativos entre a empresa e o ambiente externo	Os colaboradores são estimulados a conhecer outras empresas e os fornecedores com quem interagem
Clima de aceitação de erros e também de questionamentos às normas e aos padrões existentes	Nonaka e Takeuchi (1997) empregam termos como *caos criativo* e *processos redundantes* para descrever um ambiente inovador. Pedler, Burgoyne e Boydell (1996) reconhecem que os processos inovadores implicam potencialmente em conflitos de poder, daí as resistências típicas que provocam
Valorização do conhecimento explícito	Ampla disponibilização de cursos de treinamento alinhados com a estratégia corporativa, sendo estes inclusive estendidos aos clientes e fornecedores, mas também compatíveis com as aspirações individuais dos próprios colaboradores

(continua)

Quadro 8.2: Valores culturais favoráveis à gestão do conhecimento (continuação)

VALORES E PADRÕES CULTURAIS COMPARTILHADOS	
Valorização do conhecimento tácito: amplas oportunidades de socialização entre os colaboradores	Uso abundante de linguagem figurada e simbólica e metáforas, como expressões típicas dos processos de alta criatividade. Linguagem informal é aceita
Valorização do trabalho em equipe	Estímulos à partilha de conhecimentos entre os membros das equipes e destas entre si. Existência de uma ética de grupo baseada em autonomia, equidade e confiança mútua

Fonte: Wille e Haro dos Anjos, 2003.

EXERCÍCIOS

1. O conhecimento é um recurso econômico? Justifique.
2. A gestão do conhecimento é tratada, neste livro, como sendo indissociável da gestão dos recursos humanos. Você concorda com esta indissociabilidade? Justifique.
3. O texto propõe um modelo de referência de gestão do desenvolvimento tecnológico para ser empregado no processo de definição de estratégias para a gestão do conhecimento. Sumarize as características desse modelo e sugira uma estratégia de gestão de projetos coerente com o modelo proposto.
4. O modelo de gestão do desenvolvimento tecnológico proposto neste livro depende de um contexto organizacional adequado que lhe sirva de respaldo. Alguns valores culturais existentes no âmbito da organização são necessários como condição para a viabilidade de implementação deste modelo, segundo a visão do autor. Você concorda com essa visão? A sua experiência com esses assuntos o leva a pensar de forma diferente? Explique.

9 | Gestão ambiental dos serviços de saneamento

INTRODUÇÃO

Neste capítulo, a gestão ambiental dos serviços de saneamento será discutida nos termos dos seus objetivos gerais e específicos e das estratégias de gestão aplicáveis. Os requisitos das normas ISO 14.001 (ABNT, 2004) serão apresentados – particularmente aqueles mais aproveitáveis ao contexto das empresas de saneamento, considerando-se que tais normas são genéricas para a implantação e a operacionalização de sistemas de gestão ambiental e que constituem padrões mundiais de referência para qualquer tipo de organização.

OBJETIVOS DA GESTÃO AMBIENTAL DOS SERVIÇOS DE SANEAMENTO

O objetivo geral estratégico da gestão ambiental, em qualquer organização, é o de conciliar a obtenção de resultados econômicos e financeiros com a preservação dos recursos naturais sujeitos ao seu controle e à sua influência. Essa conciliação é facilitada, e até obrigatória, no caso dos serviços de saneamento, pelo fato de que estes lidam com os próprios recursos naturais – particularmente a água – como matéria-prima essencial aos seus processos operacionais.

Vários são os objetivos específicos em que se pode desdobrar o objetivo geral mencionado anteriormente no contexto de uma empresa operadora de serviços de saneamento. Entre outros, podem ser citados, como exemplos típicos, os seguintes:

- Minimização de perdas de água nos processos de transporte, tratamento e distribuição.
- Desestímulo aos desperdícios na produção e no consumo da água.
- Minimização de consumo de energia e de produtos químicos.
- Minimização de emissão de gases de efeito estufa.
- Reciclagem agrícola dos resíduos de tratamento dos esgotos sanitários.
- Geração de energia como subproduto do tratamento dos esgotos.
- Educação sanitária e ambiental oferecida aos usuários dos serviços e à comunidade em geral.
- Proteção das áreas de mananciais das quais depende a operação dos serviços.
- Outros, dependendo das características locais (sociais, culturais, tecnológicas, climáticas, por exemplo).

ESTRATÉGIAS DA GESTÃO AMBIENTAL DOS SERVIÇOS DE SANEAMENTO

Considerando o objetivo geral referido na seção anterior, e definidos, em cada caso, os objetivos específicos buscados pela gestão ambiental de um serviço de saneamento, caberá aos gestores responsáveis a tarefa de elaborar e implementar as estratégias adequadas para alcançar tais objetivos. As estratégias poderão variar bastante em função da complexidade dos sistemas, do porte da organização, das tecnologias disponíveis, entre outros fatores.

Independentemente, porém, das características locais, é sempre recomendável que os gestores adotem, na medida de suas possibilidades, os requisitos das normas ISO 14.001 (ABNT, 2004). Esses requisitos são genéricos para a implantação e a operacionalização de sistemas de gestão ambiental (SGA), e constituem padrões mundiais de referência, aplicáveis a qualquer tipo de organização.

As estratégias baseadas nos padrões ISO são totalmente compatíveis com as demais estratégias discutidas neste livro. Todas elas seguem o ciclo

PDCA (*plan, do, check, act*) de melhoria contínua, de Shewart e Deming, que pressupõe planejar, executar, verificar e agir corretivamente em função dos desvios verificados, conforme a Figura 9.1.

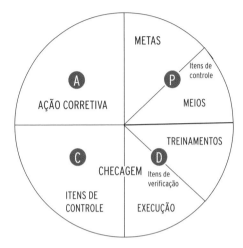

Figura 9.1: Ciclo PDCA de melhoria contínua.

Quanto aos requisitos das normas ISO 14.001 a serem observados na implantação das estratégias de gestão ambiental, destacam-se, a seguir, alguns entre os mais relevantes para o caso das empresas de saneamento, cabendo, porém, a recomendação de que *todos* os requisitos da norma (e não apenas os que são apresentados a seguir) merecem ser estudados e devidamente levados em consideração quando da construção de um sistema de gestão ambiental:

- Política ambiental: deve ser adequada às condições da organização, compatível com a legislação, comprometida com resultados e metas, documentada, implementada e comunicada.
- Aspectos ambientais: a organização deverá identificar os aspectos ambientais sujeitos ao seu controle e à sua influência, e determinar os impactos positivos e negativos das suas atividades sobre o meio ambiente (passados, presentes e previstos).
- Requisitos legais: a organização deverá identificar e ter acesso aos requisitos legais a ela aplicáveis e determinar como esses requisitos se aplicam aos seus aspectos ambientais.

- Objetivos, metas e programas: devem ser mensuráveis, quando exequível, e coerentes com a política ambiental, incluindo os comprometimentos com a prevenção da poluição, com o atendimento aos requisitos legais e aos outros requisitos subscritos pela organização e com a melhoria contínua.

- Controle operacional: a organização deve identificar as operações que estejam associadas com os seus aspectos ambientais significativos, e adotar procedimento(s) documentado(s) para controlar situações em que sua ausência possa acarretar desvios em relação à sua política ambiental e aos objetivos e metas ambientais.

- Preparação e atendimento a emergências: a organização deve estabelecer e manter procedimento(s) para identificar potenciais situações de emergência e potenciais acidentes que possam ter impacto(s) sobre o meio ambiente e sobre como a organização responderá a estes. A organização deve responder às situações reais de emergência e acidentes, e prevenir ou mitigar os impactos ambientais adversos associados.

- Monitoramento e medição: a organização deve estabelecer, implementar e manter procedimento(s) para monitorar e medir regularmente as características principais de suas operações que possam ter um impacto ambiental significativo. O(s) procedimento(s) deve(m) incluir a documentação de informações para monitorar o desempenho, os controles operacionais pertinentes e a conformidade com os objetivos e as metas ambientais da organização.

- Registros dos resultados das avaliações periódicas: a organização deve estabelecer, implementar e manter procedimento(s) para tratar a(s) não conformidade(s) real(is) e potencial(is), executando ações corretivas e preventivas.

- Auditoria interna: a organização deve assegurar que as auditorias internas do sistema de gestão ambiental sejam conduzidas em intervalos planejados.

- Análise crítica pela administração: a alta administração da organização deve analisar o sistema de gestão ambiental em intervalos planejados para assegurar sua continuada pertinência e eficácia. Análises devem incluir a avaliação de oportunidades de melhoria e a necessidade de alterações no sistema de gestão ambiental, inclusive da política ambiental e dos seus objetivos.

EXERCÍCIOS

1. Procure descrever, em poucas palavras, qual é o grande objetivo estratégico comum a todas as organizações em termos de gestão ambiental.
2. Sugira alguns objetivos estratégicos específicos que poderiam ser aplicáveis à gestão ambiental de um sistema de abastecimento de água. Exemplifique.

3. Sugira alguns objetivos estratégicos específicos que poderiam ser aplicáveis à gestão ambiental de um sistema de esgotos sanitários. Exemplifique.
4. Cite alguns exemplos de requisitos estabelecidos pelas normas ISO 14.001 que são especialmente relevantes na construção de um Sistema de Gestão Ambiental (SGA) de uma empresa de saneamento. Comente a dificuldade de implementação de cada um desses requisitos, considerando a sua experiência como gestor.

10 Políticas de gestão e planejamento estratégico

INTRODUÇÃO

Nos capítulos anteriores foram consideradas diversas estratégias de gestão aplicáveis aos serviços de saneamento – estratégias de gestão econômica e financeira; de demandas; de custos; de investimentos; de tarifas e políticas tarifárias; de impactos sociais e ambientais; e, inclusive, de gestão do conhecimento –, tendo sido várias delas desdobradas, por sua vez, em outras, mais específicas, em vista dos múltiplos objetivos que são normalmente associados à implantação, à manutenção e à operação dos serviços de saneamento. Este capítulo complementa os anteriores ao relacionar as estratégias de gestão com as políticas que as respaldam e com o planejamento que as define.

As políticas serão apresentadas como códigos de conduta gerencial e como respaldo das estratégias de gestão. Métodos de planejamento estratégico serão propostos para a definição de objetivos e estratégias.

A missão e a visão de uma organização serão explicadas como expressões de significados e sínteses de conceitos estratégicos. Técnicas de medição dos resultados serão apresentadas e os desvios entre os resultados realizados e os esperados serão explicados como oportunidades de correção estratégica e de aprendizado organizacional.

POLÍTICAS DE GESTÃO

O termo *política de gestão* significa um código de conduta gerencial. Esse tipo de política deve, idealmente, ser expresso como normas formais, definidas no âmbito estratégico, para serem seguidas nos processos de tomada de decisão, em todos os níveis de uma dada organização.

As políticas de gestão explicitam os valores, inclusive culturais e éticos, que uma organização reconhece como válidos, e com os quais se compromete. Elas definem as formas de relacionamento aceitáveis de uma organização com os seus clientes, com os seus colaboradores, com os seus fornecedores e com a sociedade em geral.

Alguns poucos exemplos de políticas de gestão possíveis de serem adotadas por empresas operadoras de saneamento são apresentados a seguir, para fins ilustrativos:

- *Política de relacionamento com o cliente*: executar anualmente pesquisas de avaliação da satisfação dos usuários, e orientar ações de melhorias conforme os resultados dessas pesquisas.
- *Política de recursos humanos*: distribuir, entre os empregados, uma parcela dos ganhos anuais obtidos em programas de redução de custos, incluindo premiações às equipes que tenham se destacado na execução desses programas.
- *Política ambiental*: tratar a totalidade dos esgotos coletados dentro dos parâmetros definidos pelo órgão ambiental.
- *Política de desenvolvimento tecnológico*: priorizar o desenvolvimento de inovações tecnológicas que contribuam para aumentar os níveis de satisfação dos clientes e os resultados financeiros da organização.

As políticas de gestão devem ser revisadas periodicamente para se verificar se estão sendo devidamente cumpridas no âmbito da organização. As revisões dessas políticas também servem para verificar se elas necessitam de alguma atualização, levando em conta as mudanças ocorridas no ambiente organizacional – tanto interno quanto externo.

As políticas de gestão, no caso dos prestadores de serviços de saneamento, podem ser estabelecidas por sua própria iniciativa, mas algumas delas lhes serão impostas compulsoriamente, na forma de políticas públicas.

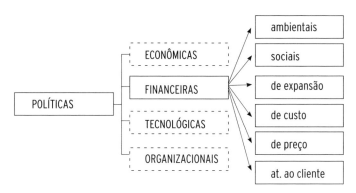

Figura 10.1: Articulação de políticas de gestão.

O estabelecimento das políticas públicas é uma prerrogativa de Estado, por definição. No caso do setor de saneamento brasileiro, as suas políticas públicas principais foram estabelecidas na Lei federal n. 11.445 de 2005, cabendo aos órgãos reguladores, como integrantes do aparato estatal, estabelecer outras políticas em caráter suplementar nas suas áreas de competência.

Na perspectiva do gestor dos serviços de saneamento, todas as políticas públicas que deve observar significam políticas de gestão compulsórias. Nada impede, porém, que ele ainda estabeleça as suas próprias políticas corporativas de gestão, suplementarmente àquelas políticas compulsórias impostas pelo poder público.

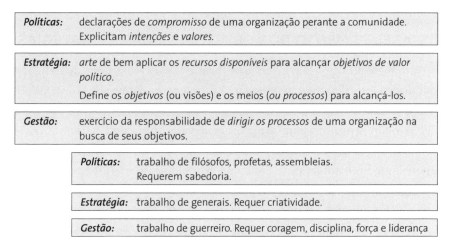

Figura 10.2: Relação entre políticas, estratégia e gestão.

PLANEJAMENTO ESTRATÉGICO

O planejamento estratégico constitui uma tarefa multidisciplinar a ser realizada com ampla participação dos gerentes e da alta administração. No *planejamento estratégico*, segundo Ackoff (1993), deve-se buscar a *eficácia* ao definir as estratégias de gestão (o planejamento estratégico *tenta fazer a tarefa certa*). Já a *gestão estratégica* deve buscar a *eficiência* na aplicação dessas estratégias (a gestão estratégica *tenta fazer as tarefas de maneira correta*).

Figura 10.3: Hierarquia do planejamento estratégico.

ESTABELECIMENTO DOS OBJETIVOS E DAS ESTRATÉGIAS

Um método simples para se identificar e tratar os assuntos de natureza estratégica que afetam uma organização é a técnica conhecida como SWOT *Analysis*, desenvolvida nos anos de 1960 por Albert Humphrey. A sigla SWOT é um acrônimo para *strengths, weaknesses, opportunities, threats*, palavras traduzíveis para o português, respectivamente, como forças, fraquezas, oportunidades e ameaças.

Segundo Rea e Kerzner (1997), a simplicidade da SWOT *Analysis* faz com que ela seja uma ferramenta muito efetiva de planejamento estratégico; melhor, para a finalidade a que se destina, do que qualquer modelo matemático, desnecessariamente sofisticado.

Como funciona a SWOT Analysis

Os gestores executivos de uma organização devem responder às seguintes perguntas, de preferência de uma forma consensual: quais são as nossas maiores ameaças provenientes do ambiente externo? Quais são as nossas maiores oportunidades associadas ao ambiente externo? Quais são as nossas maiores forças associadas ao ambiente interno? Quais são as nossas maiores fraquezas associadas ao ambiente interno?

Todas as respostas encontradas serão, então, arranjadas conforme o diagrama mostrado na Figura 10.4. As *ameaças* e as *oportunidades* identificadas pelo grupo gestor ocuparão as linhas superior e inferior do diagrama, respectivamente. As *forças* e as *fraquezas* ocuparão as colunas esquerda e direita, respectivamente. Uma vez completado, esse diagrama permite uma percepção de como a organização se relaciona estrategicamente com o seu ambiente, tanto externo quanto interno.

As *forças* e as *oportunidades* se cruzarão no quadrante inferior esquerdo do diagrama. As informações agrupadas nesse quadrante específico representam evidências de que a organização pode dispor de recursos suficientes (suas *forças*) para *explorar* as *oportunidades* oferecidas pelo ambiente externo. Se a organização decidir que deve explorar algumas dessas oportunidades, ela estará criando, então, um *objetivo estratégico*.

Criado um objetivo estratégico, o passo seguinte será o de conceber as diversas estratégias de gestão possíveis de serem empregadas para alcançá-lo. E, na sequência, uma estratégia de gestão será escolhida entre as alternativas concebidas. O processo de escolha da estratégia deverá, idealmente, utilizar as políticas de gestão como critérios nessa escolha.

	AMEAÇAS	(Enfrentar)	(Retirar)
	OPORTUNIDADES	(Explorar)	(Pesquisar)
		FORÇAS	FRAQUEZAS

Figura 10.4: *SWOT Analysis.*

Criado, assim, um objetivo e escolhida uma estratégia para alcançá-lo, essa estratégia deverá ser executada; ela consistirá em uma estratégia de gestão – da qual vários exemplos foram analisados nos capítulos anteriores (estratégias de gestão econômica e financeira, de gestão de demanda e todas as demais já apresentadas).

Exemplo: criando um objetivo e escolhendo uma estratégia de gestão

Na aplicação de uma *SWOT Analysis*, uma companhia de saneamento identifica como *forças estratégicas*, entre outras: a sua base logística, distribuída em todas as regiões geográficas de um estado da federação; a sua capacidade gerencial; e a qualidade do seu corpo técnico. E identifica como *oportunidades estratégicas* os novos programas de melhorias dos aterros sanitários municipais, apoiados por recursos do governo federal. Combinando essas oportunidades e aquelas forças em um mesmo quadrante, a companhia percebe que *pode* explorar lucrativamente a operação dos aterros sanitários municipais e/ou regionais situados na sua área de atuação.

Se decidir que *deve* explorar os aterros sanitários, a companhia, nesse caso, estará criando o *objetivo estratégico* de estender a sua área de atuação ao setor do lixo. O passo seguinte, no caso desse exemplo específico, será o de conceber as diversas *estratégias de gestão* possíveis de serem empregadas no projeto de gestão dos aterros sanitários, das quais uma será escolhida, utilizando as políticas de gestão como critérios.

Em resumo, e voltando ao diagrama 10.4, no qual as forças da organização e as oportunidades externas se cruzam, o diagrama sugere estratégias de *exploração* dessas oportunidades, empregando as forças disponíveis. Da mesma forma, os demais quadrantes do diagrama apontarão evidências que sugerem diferentes possibilidades estratégicas:

- Onde as forças da organização e as ameaças externas se cruzam, o diagrama sugere estratégias de *enfrentamento*: a organização deve usar sua capacidade dominante para encarar e vencer essas ameaças (poderia ser o caso de provocar uma disputa judicial com perspectivas amplamente favoráveis à organização, por exemplo).
- Onde as fraquezas da organização e as ameaças externas se cruzam, o diagrama sugere estratégias de *retirada* (poderia ser o caso de desistir de um deter-

minado projeto por falta de recursos financeiros para suportar os riscos associados à sua execução, por exemplo).

- Onde as oportunidades se encontram com os pontos fracos da organização, o diagrama sugere a estratégia de *pesquisar possíveis soluções*, caso a caso, ponderando-se, com cautela, a vulnerabilidade da organização, por um lado, e as chances de êxito associadas às oportunidades, por outro.

DEFINIÇÃO DA MISSÃO E DA VISÃO

A *missão* de uma organização torna explícito o seu propósito, proclama a sua razão de ser institucional, e a quem ela serve. A *visão* descreve a imagem que a organização faz de si mesma, projetada em um futuro desejado. A missão e a visão constituem uma síntese de todos os objetivos estratégicos e de todas as estratégias da organização, integrando-as dentro de uma perspectiva global e coerente (Mintzberg, 1994).

Tanto a missão quanto a visão podem ser expressas na forma de declarações simples, mas devem ser dotadas de alto significado para inspirar atitudes e ações da parte daqueles a quem a organização afeta e de quem depende. Elas não devem expressar boas intenções ou generalidades, aplicáveis a qualquer organização, mas, ao contrário, devem ser construídas para descrever, em poucas palavras, os objetivos, os desafios, a potencialidade, a cultura e a originalidade daquela única e específica organização a que se referem.

Um exemplo clássico de missão estratégica formalmente estabelecida é o da Johnson & Johnson, vigente desde 1943. O *"nosso credo"* da Johnson & Johnson sintetiza, em quatro parágrafos, a sua postura diante dos clientes, dos colaboradores, da comunidade, do meio ambiente, da pesquisa tecnológica e de seus acionistas. De uma forma ainda mais sintética, esse credo é resumido em uma breve frase que descreve o conjunto dos valores e das estratégias da empresa de uma forma significativa para todos os seus colaboradores e clientes: *"Johnson & Johnson: a vida inteira com você".* Vale a pena comparar essa frase com a banalização e a falta de significado das *fórmulas prontas* frequentemente adotadas pelas organizações, tais como: *"Você é importante para nós".*

INDICADORES DE RESULTADOS ESTRATÉGICOS E APRENDIZADO ORGANIZACIONAL

Os resultados gerados por uma organização devem ser objetos de monitoramento para que esta possa medir o próprio avanço em direção aos seus objetivos estratégicos. Eventuais desvios nos resultados obtidos, em relação aos resultados esperados, constituem oportunidades de correção estratégica e de aprendizado organizacional também.

Kaplan e Norton (1992; 1996) propõem, para esse fim, a adoção de um conjunto integrado de indicadores de resultados estratégicos conhecido como *Balanced Scorecard* (BSC)[1], que obriga os gerentes a avaliar os seus resultados por meio de quatro importantes perspectivas, simultaneamente: a perspectiva do cliente; a perspectiva interna da organização; a perspectiva financeira; e a perspectiva do aprendizado e da inovação (como pode ser observado na Figura 10.5).

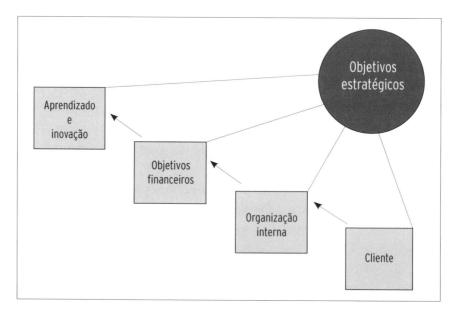

Figura 10.5: Diagrama esquemático (BSC).

---

1. A expressão *Balanced Scorecard* não admite uma tradução literal imediata para o português que preserve o significado original pretendido pelos seus autores. Uma tradução aproximada poderia ser: "painel de resultados gerenciais integrados" para designar um conjunto amplo de indicadores de resultados que se complementam (se balanceiam) mutuamente.

Como funciona o sistema BSC para avaliação de resultados: na montagem de um sistema BSC cada objetivo estratégico da organização será classificado segundo uma das quatro perspectivas mencionadas anteriormente. Cada objetivo será, então, desdobrado em metas, que serão mensuráveis e terão prazos de execução definidos. Cada meta, por sua vez, será associada a um indicador de resultado, necessariamente mensurável, que servirá como instrumento da avaliação do avanço (anual, mensal ou semanal, por exemplo) em direção ao atendimento da respectiva meta.

Os indicadores financeiros, de uma forma geral, são facilmente mensuráveis no âmbito de um sistema BSC, dada a sua natureza quantitativa. Da mesma forma, os indicadores de eficiência energética ou de perdas de água são sujeitos a medições diretas e a controles quantitativos imediatos.

Outros indicadores estratégicos, no entanto, poderão ser de natureza qualitativa e exigirão, por isso, algum processamento prévio para serem disponibilizados em um padrão mensurável, que possibilite a sua inclusão no sistema BSC.

Os níveis de satisfação dos clientes, ou dos empregados, por exemplo, são indicadores que oferecem esse tipo de dificuldade, já que não são quantificáveis de uma forma imediata. No mínimo, eles exigirão uma abordagem estatística e interpretações adequadas para a verificação da validade e do significado das amostras obtidas em sucessivas pesquisas de avaliação.

Os indicadores de desempenho propostos na série 24.500 das normas ISO (2007; 2007a; 2007b) são totalmente aplicáveis na composição de um sistema BSC, especificamente os indicadores associados às normas 24.510, 24.511 e 24.512. Trata-se de indicadores de performance para sistemas de abastecimento de água e de esgotamento sanitário, que permitem medir o desempenho desses sistemas e compará-los numa perspectiva de *benchmarking* global.

Uma vez montado um sistema BSC e colocado em operação, ele fornecerá um conjunto amplo de números, suficientes para medir os resultados da organização dentro das quatro perspectivas mencionadas anteriormente. Os gestores da organização, de posse dos indicadores fornecidos pelo seu sistema BSC, tentarão encontrar, permanentemente, respostas para as seguintes perguntas: Como é que os nossos clientes nos avaliam? Qual deve ser a nossa maior competência? Como é que os nossos acionistas/mantenedores nos avaliam? Como podemos melhorar?

Cada indicador de um sistema BSC deve ser parte de uma cadeia de causa e efeito conectada aos temas estratégicos da organização. Usado dessa forma, o sistema BSC não é uma simples relação de objetivos isolados ou mesmo conflitantes. O BSC *conta a história* da estratégia e liga os objetivos financeiros de longo prazo a toda uma sequência de ações que devem ser tomadas em relação aos processos financeiros, tecnológicos, comportamentais e sistêmicos, visando ao alcance da performance de longo prazo estabelecida pelo planejamento.

Ajustes periódicos no plano estratégico poderão ser realizados, então, em função do conhecimento acumulado dos resultados anteriormente alcançados e dos desvios destes em relação aos resultados pretendidos. Esse tipo de ajuste estratégico, baseado no conhecimento dos resultados reais alcançados e em medições de desvios em relação a metas, constitui a essência do processo de aprendizado organizacional; aprendizado este que significa uma transformação evolutiva, segundo Argyris e Schon (1978), no sentido de melhorar as condições de sustentabilidade da organização diante das mudanças ocorridas em seu contexto.

EXERCÍCIOS

1. Tente explicar em uma frase as relações que existem entre os conceitos de "planejamento estratégico", "gestão estratégica", "eficácia" e "eficiência".
2. A necessidade de investimentos para universalizar os serviços de saneamento no Brasil, a serem realizados no período de 2008 a 2020, está estimada em R$ 240 bilhões pelo PMSS (2009), sendo que a média histórica de investimentos no período de 2001 a 2007 foi de apenas R$ 4,1 bilhões por ano – em valores atualizados para o ano de 2009. Tente propor e justificar, de forma sucinta, uma estratégia para melhorar a capacidade de gestão de investimentos no setor.
3. Quais são as quatro perguntas básicas que se deve tentar responder em um processo de *SWOT Analysis*? Como as respostas a essas perguntas podem ajudar a definir objetivos estratégicos? Explique e use diagramas para ilustrar.
4. Quais são as quatro perguntas básicas a que se deve tentar responder em um processo de BSC? Em sua opinião, quais seriam as vantagens e as desvantagens de se aplicar os conceitos do BSC no setor do saneamento?

5. Tarefa para exercício em grupo, em seção de treinamento: formado um grupo de três a seis profissionais, de preferência com formações e experiências bem distintas entre si, mas ligados a uma mesma organização, aplicar a *SWOT Analysis* ao contexto da sua organização. Responder às quatro perguntas requeridas pela técnica, procurando atingir um consenso. Tempo para a tarefa: de 45 a 90 minutos.
6. Continuação do exercício anterior: o mesmo grupo deverá propor quatro objetivos estratégicos, um para cada quadrante da *SWOT Analysis*. Para pelo menos um destes objetivos, o grupo deverá propor uma estratégia de gestão, a ser escolhida entre as alternativas que o grupo for capaz de considerar. Tempo para a tarefa: de 45 a 90 minutos.
7. Continuação do exercício anterior: o grupo deverá propor quatro indicadores estratégicos para medir o futuro avanço da organização na consecução de um dos objetivos propostos no exercício anterior. Os indicadores deverão contemplar a perspectiva do cliente; a perspectiva interna da organização; a perspectiva financeira; e a perspectiva do aprendizado e da inovação, conforme o método do BSC. Tempo para a tarefa: de 45 a 90 minutos.

11 | Gestão e regulação dos serviços

INTRODUÇÃO

Neste capítulo serão abordados a regulação dos serviços de saneamento, o conceito e os objetivos da regulação e os desafios associados à gestão dos serviços regulados e ao próprio exercício do papel regulador.

A gestão privada dos serviços de saneamento será discutida no contexto de um ambiente regulado, reconhecendo-se que a água constitui um bem público e, ao mesmo tempo, um recurso econômico escasso, dotado de valor.

CONCEITO E OBJETIVOS DA REGULAÇÃO

O setor de saneamento caracteriza-se como um monopólio natural, pelo menos em relação à maior parte dos seus clientes, conforme já antecipado no Capítulo 6, na seção "Monopólio natural e tarifas".

Um monopólio natural se desenvolve não por imposições políticas ou legais, mas como resultado inevitável do comportamento típico dos seus custos. Um monopólio natural surge quando o custo médio de um produto diminui para qualquer aumento de produção, conforme mostrado, para o caso do saneamento, na Figura 6.1 (p. 91). Nessas condições, uma única empresa sempre produzirá a um custo médio mais baixo do que fariam duas ou mais empresas. Assim, a concorrência de mercado torna-se impossibilitada simplesmente porque não há estímulo econômico para uma segunda empresa de saneamento tentar se instalar onde outra empresa já venha operando previamente. Não existindo concorrência de mercado, o prestador de um serviço monopolizado precisará ser submetido a alguma forma de controle social para não se prevalecer do poder econômico que a posição única no mercado lhe confere.

Uma solução tradicional para se evitar o abuso econômico nos monopólios naturais tem sido a de se reservar para o poder público o direito exclusivo de explorá-los – diretamente ou por meio de empresas públicas, constituídas especialmente para esse fim. Outra solução, também tradicional, tem sido a de se conceder para alguma empresa, pública ou privada, o direito de explorar economicamente os serviços, mas com o Estado preservando o seu poder concedente e, dessa forma, a sua capacidade de cassar a concessão em caso de abusos e/ou de prestação insatisfatória dos serviços.

Essas soluções tradicionais não trouxeram resultados muito satisfatórios de uma forma geral. Ao contrário, nas últimas décadas, o cenário do saneamento mundial tem mostrado, principalmente no caso das regiões menos desenvolvidas, os seguintes resultados: exclusão dos mais pobres, avanços medíocres nos níveis de cobertura, redução da qualidade dos serviços, deterioração dos recursos hídricos, perdas de água, manutenção negligente dos sistemas, elevação de custos, entre outros. Na verdade, as soluções tradicionais de gestão e controle dos monopólios naturais, em geral, mostraram-se insuficientes ou inadequadas não só no setor de saneamento, mas também nos setores de energia, transporte público, comunicações e outros.

No setor de saneamento, todavia, as deficiências de gestão e controle mostram-se mais evidentes porque os seus resultados dependem de uma difícil articulação política entre autoridades muito diversas, situadas em todos os níveis de governo – autoridades de saúde pública, de meio ambiente, de gestão urbana e de políticas habitacionais, para citar apenas as mais diretamente afetas ao assunto.

Uma solução mais recente, concebida com o objetivo de se lidar com o problema dos monopólios naturais, vem sendo tentada desde os anos de 1980 em alguns países: o conceito da regulação. Nesse caso, o Estado não só preserva o seu poder concedente, mas o reforça, ao criar uma autoridade reguladora independente, com autonomia técnica, financeira e administrativa.

A autoridade reguladora faz a articulação institucional e técnica entre o poder público, de uma forma geral, o poder concedente, de uma forma particular, o prestador do serviço e os seus usuários (Figura 11.1).

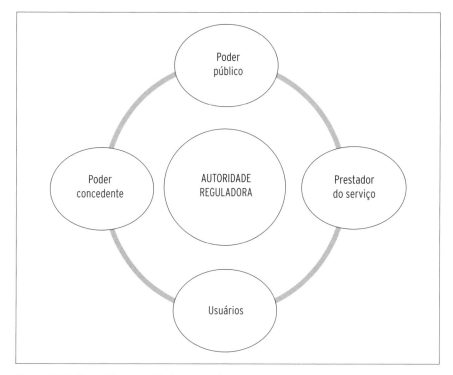

Figura 11.1: Papel da autoridade reguladora.

Em termos institucionais, o conceito da regulação pode ser explicado como um resultado do próprio processo social em evolução. Numa sociedade complexa, onde o conhecimento tecnológico e a informação determinam as relações de poder, o Estado moderno, cuja concepção foi definida no século XVIII[1], precisa se adaptar para responder à variedade e à complexidade das novas relações que se estabelecem entre indivíduos e organizações.

---
1. Sobre a concepção do Estado moderno, consultar Montesquieu, *O espírito das leis*, de 1748, e Rosseau, *Do contrato social*, de 1775. A leitura desses trabalhos é obrigatória para quem quiser adquirir uma perspectiva mais aprofundada das relações de poder em jogo no âmbito de qualquer sociedade, em qualquer época.

A autoridade reguladora pode ser parte dessa resposta do Estado diante da complexidade crescente; por meio de agentes especiais, independentes e tecnicamente capacitados, o Estado estabelece as políticas públicas que os prestadores de serviços monopolísticos devem obedecer, acompanha os resultados da gestão desses serviços, impõe parâmetros de qualidade e metas e oferece instâncias de arbitragem aos conflitos técnicos que surgirem da prestação dos serviços.

O conceito de autoridade reguladora é inovador na sua forma de enfrentar os dois problemas mais importantes, que são as causas dos demais problemas associados à gestão dos monopólios naturais:

- A *assimetria de informações*, que significa a manipulação política das informações geradas na operação dos serviços: informações financeiras, contábeis, de qualidade e de reclamações de clientes, por exemplo. Essa assimetria favorece o prestador do serviço, em detrimento dos clientes e de toda a sociedade. No âmbito da sociedade moderna, esse desequilíbrio no acesso à informação significa um poder real, capaz de inibir a ação disciplinadora do Estado mal (ou pouco) informado.

- O *corporativismo*, que significa uma coalizão dos interesses particulares organizados em torno de um serviço monopolístico, em detrimento de toda a sociedade. O corporativismo une sindicatos, fornecedores, dirigentes e partidos políticos na defesa dos seus respectivos privilégios, ligados à exploração de um monopólio. Os clientes do monopólio, por absoluta falta de opções, e até de informações, são obrigados a financiar esses privilégios. O corporativismo aumenta os custos de ineficiência e de deficiência (vistos no Capítulo 4, na seção "Custos de deficiência e de ineficiência"), desestimulando a evolução tecnológica.

SERVIÇOS REGULADOS E ENTIDADES REGULADORAS: DESAFIOS DE GESTÃO

Nesta seção, serão abordados os desafios associados à gestão dos serviços regulados e ao próprio exercício do papel regulador, tendo como referências os conceitos gerais da seção anterior e, também, os termos específicos da legislação federal brasileira. Serão contempladas as leis n. 9.433, n. 11.107 e n. 11.445, que dispõem, respectivamente, sobre a política nacional de recursos hídricos, sobre a contratação de consórcios públicos e sobre as diretrizes nacionais para o saneamento básico (Brasil, 1997; 2006; 2007).

Desafios à gestão dos serviços regulados

Trabalhar em um ambiente regulado significa, por definição, sofrer restrições à liberdade gerencial e também implica assumir custos diversos, que genericamente poderiam ser chamados *custos regulatórios*.

Inserida em um ambiente regulado, uma empresa monopolista passa a ter que compartilhar as suas informações de gestão, os seus indicadores de resultados, e até as suas estratégias com um interlocutor que tem capacidade técnica suficiente para criticá-los e poder suficiente para impor penalidades por descumprimentos de metas. Mais ainda: esse interlocutor exerce a sua autoridade diretamente sobre a política tarifária.

Em compensação, o ambiente regulado oferece proteção contra as ingerências políticas indevidas na gestão dos serviços. Esse tipo de proteção é criticamente importante no caso do setor de saneamento, devido à sua grande visibilidade pública e, por isso mesmo, à sua exposição política permanente em todos os níveis: municipal, estadual e federal.

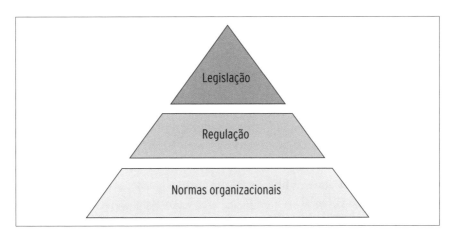

Figura 11.2: Regulação e hierarquia normativa.

Outra vantagem de que uma empresa regulada usufrui é a de poder recorrer a uma instância de resolução de conflitos especializada nos temas complexos que afetam a operação dos seus serviços. Os conflitos podem ser resolvidos com maior celeridade e economicidade do que o seriam na justiça comum, inclusive, e especialmente, os conflitos envolvendo os interesses do prestador e os do poder concedente. Um exemplo típico de problema que o órgão regulador poderia resolver, sem desgastes políticos para as partes, é a resolução das inadimplências por serviços prestados ao poder concedente. Mas, possivelmente, as maiores vantagens gerenciais de que uma empresa regulada pode usufruir são a previsibilidade e a consequente redução dos riscos financeiros associados à sua política tarifária. Essa redução de riscos valoriza a empresa e ajuda a qualificá-la para acessar o mercado mobiliário. Com menos riscos desse tipo, uma empresa bem administrada melhora as suas condições para emitir debêntures e, até mesmo, ações em bolsa. Em longo prazo, isso pode se traduzir em eficiência, crescimento sustentado, rentabilidade e menor endividamento.

Desafios à gestão do papel regulador

O papel institucional exercido pela autoridade reguladora é bastante complexo, dada a multidisciplinaridade que caracteriza a sua função e os múltiplos interesses afetados por ela. A autoridade reguladora, por um lado, defende o interesse coletivo, definindo e articulando as políticas públicas aplicáveis à sua área de competência e acompanhando os resultados gerados pelos prestadores dos serviços. Por outro, preserva os prestadores dos serviços das ingerências políticas indevidas, tendo em vista que a própria autoridade reguladora se constitui como agência autônoma e independente.

Entre os desafios que uma autoridade reguladora enfrenta no exercício do seu papel institucional, merecem ser destacados os seguintes:

Independência efetiva: os titulares de um órgão regulador ocupam um cargo de Estado, o que não deve ser confundido com cargo de governo. Compete a eles formular e articular políticas públicas, e não políticas partidárias ou de grupos de interesses. A independência efetiva da autoridade reguladora só acontecerá se ela evitar, na prática, qualquer confusão (ou *contaminação*) entre Estado e governo, ou entre políticas públicas e partidárias. Nesse sentido, a lei instituidora do órgão regulador deve oferecer garantias de mandato e instrumentos e meios adequados ao exercício autônomo da função.
Riscos de captura: são assim chamados os riscos a que estão sujeitos os órgãos reguladores. A captura significa, nesse contexto, uma subordinação do órgão aos

interesses de uma das partes interessadas na regulação. Ela pode se dar de diferentes formas: por meio da corrupção dos dirigentes; por contaminação de interesses quando o órgão regulador se identifica com uma das partes, passando a agir como se a representasse; ou por falta de meios e recursos para atuar com autonomia. Para evitar os riscos da captura, os dirigentes dos órgãos reguladores são obrigados a passar por períodos de quarentena após o término dos seus mandatos, quando ficam impedidos de exercer qualquer atividade no setor regulado por um período especificado. Além disso, alguns mecanismos de decisões colegiadas e de ampla publicidade dos atos públicos também são fundamentais para se minimizar os riscos de captura da autoridade reguladora.

Capacitação técnica: a desproporção em termos de recursos mobilizados pelos regulados e pelo regulador desfavorece, normalmente, este último. De fato, é difícil, em termos práticos, a uma entidade reguladora, dotada de um quadro de trinta servidores, por exemplo, exercer o seu papel diante de uma empresa regulada que tenha milhares de empregados e que opere centenas de sistemas. Essa dificuldade não impede, absolutamente, o exercício do papel regulador, mas sugere que haja uma escala mínima para se estabelecer uma entidade reguladora. Reconhecendo essa dificuldade, a legislação faculta aos municípios a delegação da atividade regulatória para o respectivo estado ou para uma entidade formada por associação de vários municípios.

Estabelecimento de políticas tarifárias: a Lei federal n. 11.445 de 2007 dispõe, no seu art. 23, que:

[...] a entidade reguladora editará normas relativas às dimensões técnica, econômica e social de prestação dos serviços, que abrangerão, pelo menos, os seguintes aspectos:
[...]
IV - regime, estrutura e níveis tarifários, bem como os procedimentos e prazos de sua fixação, reajuste e revisão
[...]
IX – subsídios tarifários e não tarifários [...]

Essas disposições outorgam à entidade reguladora a responsabilidade pela política tarifária dos serviços. Esse deverá ser considerado, isoladamente, o maior dos desafios atribuídos à autoridade reguladora. Do seu arbítrio nessa questão específica, mais do que nas outras, dependerá a viabilidade financeira e econômica dos serviços regulados.

Entre outras questões complexas a serem contempladas pelo regulador na questão tarifária, cabe destacar a avaliação das externalidades dos projetos de Saneamento (referidas no Capítulo 4, na seção "Custos ambientais e externalidades"). O regulador poderá, por exemplo, e desde que disponha de informações suficientes para respaldar a sua decisão, impor acréscimos aos valores das tarifas para cobrir algum efeito externo provocado pela operação do sistema; e deverá orientar, nesse caso, a forma de realização do ressarcimento aos afetados pelas externalidades que tiver apurado dessa forma. Especificamente no que se refere aos efeitos externos dos serviços de saneamento sobre os recursos hídricos, as agências de águas, previstas na Lei federal n. 9.433 de 1997, deverão realizar esse tipo de trabalho, tecnicamente chamado de *internalização dos efeitos externos*.

Cabe observar que a experiência do Brasil em operar serviços de saneamento sob regulação é incipiente. A Lei federal que disciplina o assunto foi promulgada em 2007 e não se encontra implantada, em relação à maior parte dos serviços de saneamento do país até a data de publicação deste livro. Por esse motivo não foi possível incluir, nesta obra, uma análise sobre os resultados dessa experiência.

GESTÃO PÚBLICA OU PRIVADA NO SANEAMENTO

Serão discutidos, nesta seção, os aspectos referentes à gestão do saneamento sob a perspectiva da propriedade, pública ou privada, do prestador do serviço. Um breve resumo dos conceitos já apresentados será feito, inicialmente, para facilitar o posterior enquadramento da questão ora tratada dentro dos seus aspectos conceituais básicos.

Conforme explicado anteriormente, neste mesmo capítulo, existe um risco inerente de prática de abuso econômico na exploração dos serviços de saneamento, porque estes constituem um monopólio natural. A dificuldade institucional de se controlar a gestão de um monopólio natural está relacionada com o enfrentamento de dois problemas importantes associados aos monopólios: a assimetria de informações, que se estabelece em favor do prestador dos serviços, e o corporativismo, pelo qual o prestador se associa a vários grupos de interesse, gerando custos de ineficiência e de deficiência, em detrimento da sociedade como um todo.

A solução de se reservar para o poder público o direito exclusivo de explorar tais serviços não impede a prática de tais abusos, porque a gestão pública pode ser tão corporativista quanto a gestão privada, e ambas as formas de gestão podem se beneficiar da assimetria de informações que lhes favorece, naturalmente, diante dos demais agentes sociais.

Dessa constatação, verificada na prática, surge a proposta de se instituir autoridades reguladoras, como órgãos de Estado, e não de governo, dotadas de autonomia, independência e capacidade técnica suficientes para obter a simetria nas informações e, ao mesmo tempo, inibir a formação de mecanismos corporativistas em torno do prestador do serviço – seja ele público ou privado.

Por outro lado, a Lei federal brasileira dispõe que sempre haverá um contrato a ser firmado entre o poder concedente e o prestador do serviço; será um contrato de concessão, precedido de licitação, no caso de prestador privado, ou um contrato de programa, precedido da formalização de um convênio de cooperação entre entes públicos ou de um consórcio público (conforme a Lei n. 11.107/2005), no caso de prestador público, a critério e conveniência do poder concedente.

Cabe registrar que os resultados da participação privada nos serviços de saneamento no Brasil, no período compreendido entre 1995 e 2006, foram objetos de um extenso estudo coordenado pelo governo federal e realizado pelo consórcio Inecom/Fundação Getúlio Vargas (Brasil, 2008).

Os resultados desse estudo mostram que o impacto da participação privada no saneamento foi geralmente positivo em relação aos serviços de água. Já em relação aos serviços de esgotos sanitários e especialmente em relação aos menores sistemas e/ou em relação às populações mais pobres, a participação privada foi menos bem-sucedida. Além disso, esses resultados não incorporam os efeitos da Lei Federal de Saneamento (Brasil, 2007), promulgada posteriormente ao período de análise, sendo razoável supor que a estabilidade jurídica proporcionada pela nova lei contribua para melhorar o desempenho das concessões exploradas pela iniciativa privada.

Quadro 11.1: Gestão pública e gestão privada no saneamento do Brasil (2007)

NATUREZA JURÍDICA	NÚMERO DE ENTIDADES	%	POPULAÇÃO ATENDIDA (MILHÕES HAB.)	%
Adm. pública direta	194	32,1	32,1	2,1
Autarquia	326	53,9	24,0	17,0
Empresa pública	5	0,8	0,6	0,4
Economia mista c/ adm. pública	34	5,6	99,1	70,3
Econ. mista c/ adm. privada	1	0,2	8,5	6,0
Empresa privada	45	7,4	6,0	4,2
Total	605	100	141,1	100

Fonte: PMSS, 2009.

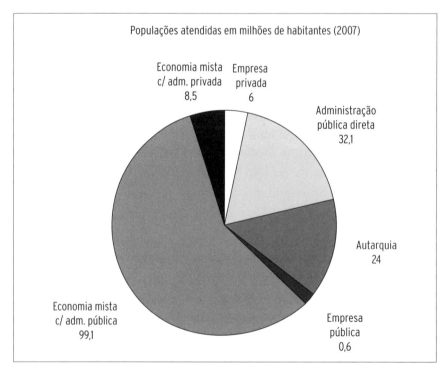

Figura 11.3: Populações atendidas por diferentes tipos de entidades de saneamento.
Fonte: PMSS, 2009 (populações atendidas com serviços de água potável).

No novo contexto legal, a situação do prestador público e a do prestador privado se equivalem em termos de obrigações assumidas, via contratos de demanda ou de concessão, respectivamente. Também se equivalem diante da autoridade reguladora e, por seu intermédio, diante dos clientes atendidos pelos serviços. Em outras palavras, o prestador de serviços de saneamento continuará, em qualquer hipótese, operando um monopólio natural, mas sofrerá as mesmas restrições à sua liberdade gerencial – seja ele constituído como entidade pública ou privada. Em particular, ele terá a sua política tarifária mantida sob controle externo, em mãos da autoridade reguladora.

QUESTÕES COMUNS NA DISCUSSÃO SOBRE A PARTICIPAÇÃO PRIVADA NO SANEAMENTO

A discussão sobre a participação privada nos serviços de saneamento enseja o levantamento de algumas questões, das quais serão destacadas, a seguir, algumas bastante comuns:

1. *Não seria socialmente preferível que os lucros da prestação do serviço pertencessem a uma empresa pública em vez de uma empresa privada?*

    Embora frequente, essa pergunta baseia-se em um equívoco. O rendimento de um negócio qualquer é um direito garantido pela Constituição que pertence sempre, necessariamente, ao dono do capital nele investido, seja este dono um ente público ou um ente privado. O equívoco poderia ser corrigido refazendo-se a mesma pergunta da seguinte forma:

2. *Não seria socialmente preferível que o capital investido na prestação do serviço pertencesse a uma empresa pública em vez de uma empresa privada?*

    Corrigida dessa forma, a resposta que a teoria econômica oferece é simples: em um mundo de recursos escassos, o capital disponível deve, idealmente, ser investido em projetos viáveis que ofereçam rendimentos superiores ao valor investido – seja este capital público ou privado, indiferentemente. Cabe ainda, todavia, uma pergunta apenas sutilmente semelhante às anteriores:

3. *Se o capital investido na prestação do serviço não pertencer totalmente à empresa prestadora, o lucro gerado no negócio pertencerá totalmente à empresa?*

   A resposta é simples: absolutamente *não*. Conforme registrado anteriormente, o lucro pertence sempre, necessariamente, ao dono do capital, seja este dono um ente público ou um ente privado. Havendo propriedades compartilhadas, o rendimento será repartido proporcionalmente à parte que couber a cada titular. Sobre esse assunto a Lei n. 11.445 é específica, embora não precisasse ser. O art. 29, inciso I, afirma que os serviços públicos de saneamento básico terão a sua sustentabilidade econômico-financeira assegurada, sempre que possível, mediante remuneração pela cobrança dos serviços, na forma de tarifas e outros preços públicos, e no § 1º, inciso VI, coloca a diretriz de que *a remuneração deve ser adequada ao capital investido pelos prestadores dos serviços.*

Frise-se a expressão "remuneração adequada ao capital investido pelos prestadores dos serviços". Essa expressão relaciona, claramente, a remuneração do capital dos prestadores apenas à fração do capital total que lhes corresponde. Assim, a lei exclui, da remuneração do prestador, quaisquer rendimentos devidos ao capital público na forma de instalações existentes, eventualmente cedidas a ele, para serem operadas.

Outra questão recorrente, de bastante apelo político, é a seguinte:

4. *Sendo a água um bem público, essencial à vida, é justo cobrar pelo seu fornecimento? Não seria mais correto torná-la definitivamente pública? O governo não deveria subsidiá-la para todos?*

   Conforme visto no início deste livro, no Capítulo 1, na seção "Conceitos básicos", a água é um recurso econômico, dotado de valor; por ser capaz de satisfazer necessidades humanas, ela constitui uma utilidade, aliás, essencial. Além disso e, apesar disso, o acesso à água não é feito sem custos. A água não é mais abundante na natureza. Em termos econômicos, isso significa que, para se obter água, é preciso investir em recursos que são escassos na economia. A sociedade deve fazer escolhas estratégicas e renúncias em troca do acesso à água.

Por outro lado, conforme mostrado na Figura 3.4 do Capítulo 3 (p. 41, na seção "Curvas de demanda"), a demanda de água aumentaria caso seu preço baixasse e/ou simplesmente houvesse menor controle de medição de consumos. O Quadro 3.1, da seção "Demanda e capacidade instalada" (p. 35, no Capítulo 3), sugere uma confirmação desse último efeito: as diferenças nas demandas de água listadas no quadro mostram que, em relação aos valores globais do Brasil, o índice de medição do Rio de Janeiro é 27% menor e o seu consumo *per capita* médio é 52% maior.

Se, por hipótese, fosse adotada no Brasil a política de subsidiar o consumo da água, sem cobrá-lo do usuário, dois problemas imediatos decorreriam dessa medida. Primeiro, haveria uma transferência de encargos – o contribuinte passaria a pagar pela água no lugar do consumidor. Segundo, a população enfrentaria um problema nacional de racionamento e de demanda reprimida.

Os números do mesmo Quadro 3.1 permitem estimar, de uma forma conservadora, o tamanho desse problema hipotético; é razoável supor que, sem ser cobrado, o consumo *per capita* médio do país iria aumentar, no mínimo, até o ponto de se igualar ao consumo atual do Rio de Janeiro (onde 35% das ligações operam a custo marginal zero, uma vez que não são medidas). Isso implicaria um acréscimo de 52% na demanda média diária nacional, anteciparia em doze anos e meio a evolução histórica da demanda[2], e esgotaria, imediatamente, a capacidade instalada de produção de vários sistemas do país.

Mais dois problemas se acrescentariam aos primeiros: o impacto ambiental associado ao aumento do consumo da água e da geração consequente dos esgotos e a necessidade de antecipar os investimentos de R$ 240 bilhões estimados como necessários para o período de 2008 a 2020, conforme exposto no Capítulo 2, na seção "Saneamento no Brasil: conjuntura e desafios" (p. 15). E este último problema iria agravar, aliás, um outro já existente: a limitada capacidade do setor de realizar investimentos. O saneamento no Brasil não conseguiu investir mais que 28% dos recursos que lhe foram disponibilizados e facilitados pelo FGTS e pelo OGU (Programa de Aceleração do Crescimento – PAC), entre 2001 e 2007; no total, realizou R$ 4,1

---

2. Extrapolando a tendência histórica dos dados do PMSS (2009).

bilhões por ano em investimentos, nesse período, diante de uma necessidade reconhecida de R$ 20 bilhões/ano (ver Capítulo 2, seção "Saneamento no Brasil: conjuntura e desafios", p. 15). Para finalizar, vale a pena citar a Lei federal de recursos hídricos n. 9.433/97. No seu primeiro artigo ela reconhece que a política nacional de recursos hídricos baseia-se nos seguintes fundamentos: *I – a água é um bem de domínio público; e II – a água é um recurso natural limitado, dotado de valor econômico.*

EXERCÍCIOS

1. Como você considera os riscos de captura em relação às agências reguladoras de saneamento no Brasil? Em sua opinião, a legislação brasileira está adequada para se prevenir contra esses riscos? Explique.
2. "Os monopólios naturais geram assimetrias de informação e alimentam mecanismos corporativistas". Você concorda com essa afirmação? Justifique. Em caso afirmativo, como resolver esses problemas? Explique.
3. Sendo a água um bem público, essencial à vida, é justo cobrar pelo seu fornecimento? Não seria mais correto torná-la definitivamente pública? O governo não deveria subsidiá-la para todos?
4. A legislação prevê a possibilidade de empresas privadas prestarem serviços de saneamento. Mas não seria, em qualquer hipótese, socialmente preferível que os lucros da prestação do serviço pertencessem a uma empresa pública em vez de uma empresa privada? Qual a sua opinião sobre isso? Justifique em termos econômicos.

12 Apêndice: conceitos e aplicações de matemática financeira

O caráter multidisciplinar do presente trabalho justifica a inclusão deste apêndice como um elemento auxiliar de consulta, útil na resolução dos exercícios propostos.

O desafio maior em relação à aplicação das ferramentas matemáticas aqui apresentadas não é, absolutamente, o de realizar os cálculos correspondentes, facilitados que são pelas calculadoras financeiras e/ou pelas planilhas eletrônicas. O desafio maior está na interpretação adequada dos resultados desses cálculos. Para facilitar tal interpretação é que se inclui este apêndice em um trabalho sobre gestão estratégica do saneamento.

O leitor encontrará, a seguir, explicações conceituais básicas, além de técnicas de cálculo e exemplos de aplicações dessas técnicas e dos conceitos básicos. Cabe lembrar que a matemática financeira oferece ferramentas simples, mas insubstituíveis em todos os processos de tomadas de decisão que envolvam valores de qualquer natureza e riscos de qualquer espécie.

CONCEITO DE VALOR NO TEMPO: PRESENTE, PASSADO E FUTURO

Em um mundo dotado de recursos escassos, o consumo de um recurso qualquer, em uma atividade qualquer, implica na indisponibilidade desse recurso específico para satisfazer alguma outra necessidade humana. Por isso, o consumo de qualquer recurso, em qualquer projeto, representa, necessariamente, uma privação ou uma *renúncia*. Essa renúncia significa um custo para a sociedade como um todo (custo *econômico*) e, ao mesmo tempo, significa um custo para o indivíduo ou empresa diretamente afetados pela indisponibilidade do recurso em questão (custo *financeiro*). Em síntese, o consumo de qualquer recurso, em qualquer atividade, implica uma renúncia a uma condição de bem-estar humano – renúncia esta que se expressa na forma de um custo, tanto econômico quanto financeiro.

Esse custo tem um impacto imediato e, além disso, também estende-se no tempo. Assim, por exemplo, se um projeto de construção de uma barragem provocar a inundação de uma área agrícola, a perda de produção da área inundada significará um custo imediato, que ocorrerá já no primeiro ano, após a implantação da obra. Além disso, haverá outros custos a longo prazo, correspondentes a todas as safras futuras, que serão impossibilitadas devido à inundação causada pelo projeto. Da mesma forma, os recursos financeiros aplicados em um determinado projeto provocam a perda dos rendimentos que tais recursos poderiam gerar em alguma outra aplicação alternativa. Esse custo de renúncia, que acompanha qualquer aplicação, de qualquer recurso, deve ser, idealmente, compensado pelo *rendimento* da aplicação considerada.

Esse rendimento é expresso matematicamente pela *taxa de rendimento*, também chamada de *taxa de desconto*, ou no caso particular de um financiamento, *taxa de juros*. A expressão *custo de oportunidade do capital* pode também ser empregada para se referir à mesma taxa de rendimento aqui considerada, notando-se que essa expressão é normalmente mais utilizada no âmbito de estudos econômicos do que no âmbito de estudos financeiros.

A taxa de rendimento é definida pela seguinte fórmula:

$$r = (V_j / V_{j-1}) - 1 \qquad (12.1)$$

r = taxa de rendimento anual ou mensal (expressa em porcentagem);

j = índice referente ao ano (ou mês) – número inteiro: negativo, zero ou positivo, significando, respectivamente, passado, presente ou futuro;

V_j = Valor no ano j (ou mês j);

V_{j-1} = Valor no ano j – 1 (ou mês j – 1).

A fórmula (12.1) pode ser generalizada para quantificar a variação de V no longo prazo:

$$V_n = V_0 \cdot (1 + r)^n \qquad (12.2)$$

V_n = Valor no instante n (se passado, n < 0, se futuro, n > 0);
V_0 = Valor no instante 0 (ano ou mês presente).

As fórmulas anteriores e a Figura 12.1 reconhecem que o valor (V) de um determinado recurso cresce ao longo do tempo, desde que a sua taxa de rendimento seja positiva (r > 0).

Cabe notar que essa taxa será, normalmente, positiva em um mundo de recursos escassos: o valor a que se renuncia *hoje* equivale a um valor maior *no futuro*; um valor a que se tenha renunciado no *passado* equivale a um valor maior *atualmente*.

Porém, no caso excepcional de um recurso abundante, *r* poderá ser nulo ou mesmo negativo, como ocorre em situações de superprodução de safras agrícolas, por exemplo.

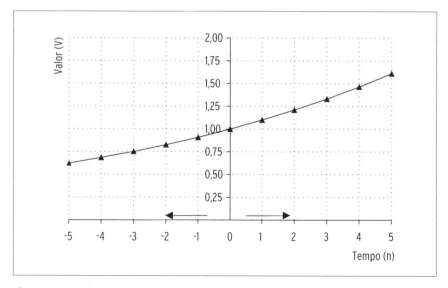

Figura 12.1: Valor – variação em relação ao tempo.

O gráfico mostrado na Figura 12.2 compara os efeitos de diferentes taxas de rendimento incidentes sobre o valor de um determinado recurso ao longo do tempo, considerando que este valor corresponde à unidade no momento presente (V = 1,00 no instante 0).

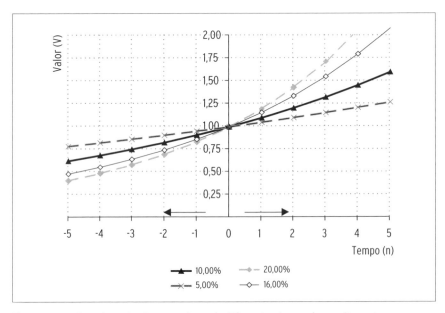

Figura 12.2: Crescimento de um valor sob diferentes taxas de rendimento.

CÁLCULO DO VALOR PRESENTE DE UMA SÉRIE DE PAGAMENTOS

Todos os valores considerados em uma análise econômica ou financeira devem ser referidos a uma mesma data específica para que tais valores possam se tornar comparáveis entre si.

A data em relação à qual os valores serão referidos pode ser escolhida a critério do analista. Se essa data coincidir com a própria data da elaboração da análise, todos os valores considerados deverão ser *atualizados*, isto é, deverão ser *expressos em valor presente*. Se a data de referência for fixada em algum ano no futuro, então todos os valores considerados na análise deverão ser *expressos em valor futuro*.

As técnicas de cálculo dos valores, tanto presentes quanto futuros, baseiam-se nas fórmulas 12.1 e 12.2 apresentadas anteriormente ou em outras fórmulas, derivadas daquelas.

Considere-se o seguinte exemplo: uma empresa de saneamento está estudando a possibilidade de aplicar, no presente ano, R$ 4 milhões na implantação de um novo sistema de abastecimento de água, que deverá gerar receitas líquidas de R$ 1 milhão por ano, nos próximos dez anos. A empresa opera com taxas de rendimento de 12% ao ano. Pergunta: Este investimento é financeiramente viável?

A última coluna do Quadro 12.1 foi construída aplicando-se a fórmula 12.2. Ela mostra os valores presentes da receita líquida que será gerada em cada um dos próximos dez anos. Os valores presentes das receitas são sucessivamente menores: variam de R$ 890 mil, no primeiro ano, a R$ 320 mil no décimo ano. Apesar disso, os valores efetivos dessas mesmas receitas são constantes e significam R$ 1 milhão por ano.

Quadro 12.1: Valor presente de uma série de pagamentos – amortização *price* (milhões R$)

ANO	VALOR FUTURO	VALOR PRESENTE
0	0,00	0,00
1	1,00	0,89
2	1,00	0,80
3	1,00	0,71
4	1,00	0,64
5	1,00	0,57
6	1,00	0,51
7	1,00	0,45
8	1,00	0,40
9	1,00	0,36
10	1,00	0,32
	SOMA (VP) =	5,65

A soma dos valores da última coluna é, por definição, o valor presente total das receitas do projeto: R$ 5,65 milhões. Ora, comparando-se este valor com os R$ 4 milhões necessários para a implantação do sistema a serem desembolsados no presente ano, conclui-se que o projeto é, sim, financeiramente viável.

A Figura 12.3 representa os valores do Quadro 12.1.

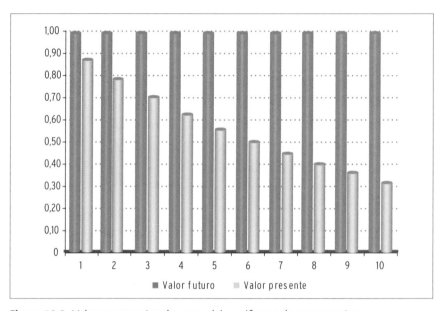

Figura 12.3: Valores presentes de uma série uniforme de pagamentos.

Considere-se, agora, o seguinte problema: uma empresa de saneamento toma um empréstimo de R$ 5,65 milhões, a juros de 12% ao ano. Qual deverá ser o valor da parcela anual de pagamento de tal empréstimo?

É interessante notar que a solução numérica desse novo exercício é absolutamente a mesma aplicada no exercício anterior. Cabe, apenas, reinterpretar os mesmos números do exercício anterior para se deduzir a resposta do novo exercício. A resposta encontra-se nos valores da segunda coluna do Quadro 12.1: a empresa deverá realizar o pagamento de dez parcelas anuais de R$ 1 milhão cada uma.

Na verdade, existe uma solução ainda mais direta para esse tipo de exercício. Conhecidos o montante do empréstimo, o prazo e a taxa de juros, como determinar o valor da prestação correspondente? A fórmula 12.3 a seguir, derivada da fórmula 12.2, indica diretamente a solução.

$$P = M \cdot ((1 + r)^n \cdot r)/((1 + r)^n - 1) \qquad (12.3)$$

P = pagamento anual (ou mensal);
M = montante do empréstimo.

As chamadas Tabelas *Price* (ver Quadro 12.2) são construídas empregando-se a fórmula 12.2 e considerando-se P = 1. Elas são bastante utilizadas no comércio, devido à comodidade e à precisão totalmente satisfatórias que oferecem.

Quadro 12.2: Tabela *Price* – valores de M para P = 1,00 (sendo r e n variáveis)

r n	0%	2%	4%	6%	8%	10%	12%
1	1,00	0,98	0,96	0,94	0,93	0,91	0,89
2	2,00	1,94	1,89	1,83	1,78	1,74	1,69
3	3,00	2,88	2,78	2,67	2,58	2,49	2,40
4	4,00	3,81	3,63	3,47	3,31	3,17	3,04
5	5,00	4,71	4,45	4,21	3,99	3,79	3,60
6	6,00	5,60	5,24	4,92	4,62	4,36	4,11
7	7,00	6,47	6,00	5,58	5,21	4,87	4,56
8	8,00	7,33	6,73	6,21	5,75	5,33	4,97
9	9,00	8,16	7,44	6,80	6,25	5,76	5,33
10	10,00	8,98	8,11	7,36	6,71	6,14	5,65
11	11,00	9,79	8,76	7,89	7,14	6,50	5,94
12	12,00	10,58	9,39	8,38	7,54	6,81	6,19

O valor de P é obtido dividindo-se M (conhecido) pelo fator indicado no quadro, para r e n também conhecidos. No exemplo considerado: P = 5.650.000 / 5,65 = 1.000.000,00.

As calculadoras financeiras e as planilhas eletrônicas substituem o uso da Tabela *Price*. Elas permitem calcular diretamente qualquer uma das variáveis da fórmula 12.3, conhecidas as outras três variáveis, entre M, P, r, ou n.

Uma variação desse mesmo problema – o de se determinar os valores de um financiamento – consiste em estabelecer um valor constante para a amortização anual (ou mensal) do financiamento, sendo as prestações decrescentes. Esse é o chamado Sistema de Amortizações Constantes (SAC).

No caso do SAC, aplica-se a fórmula 12.4, a seguir, que também é derivada da fórmula 12.1.

$$P_j = M \cdot (1/n) \cdot (1 + (1 + n - j) \cdot r) \tag{12.4}$$

O Quadro 12.3 mostra a solução do sistema SAC para financiar o mesmo valor de R$ 5,65 milhões em dez anos, a juros de 12% ao ano. Note-se que, nesse caso, as prestações são diferentes em relação às indicadas no Quadro 12.1, mas ambas as soluções são financeiramente equivalentes porque correspondem ao mesmo valor presente total.

Quadro 12.3: Valor presente de uma série de pagamentos – amortização SAC

ANO	VALOR FUTURO	VALOR PRESENTE
0	0,00	0,00
1	1,24	1,11
2	1,18	0,94
3	1,11	0,79
4	1,04	0,66
5	0,97	0,55
6	0,90	0,46
7	0,84	0,38
8	0,77	0,31
9	0,70	0,25
10	0,63	0,20
	SOMA (VP) =	5,65

CÁLCULO DO VALOR FUTURO DE UMA SÉRIE DE PAGAMENTOS

Uma questão comum em estudos econômicos e financeiros é a análise do valor futuro de uma série de pagamentos. Considere-se, por exemplo, a seguinte questão: uma empresa pretende aplicar R$ 1 milhão por ano durante os próximos dez anos em um fundo de pensão em favor dos seus empregados. O rendimento projetado desse fundo de pensão é de 12% ao ano. A pergunta, nesse caso, é: Qual deve ser o montante acumulado nesse fundo no final de dez anos?

A resposta, R$ 17,55 milhões, é obtida aplicando-se as fórmulas 12.3 e 12.2, gerando novas fórmulas, nessa ordem:

$$P = M \cdot ((1 + r)^n \cdot r)/((1 + r)^n - 1)$$

$$1,00 = M \cdot ((1 + 0,12)^{10} \cdot 0,12)/((1 + 0,12)^{10} - 1)$$

M = R$ 5,65 milhões (valor presente das contribuições acumuladas) (12.5)

$$V_{10} = V_0 \cdot (1 + r)^n$$

$$V_{10} = 5,65 \cdot (1 + 0,12)^{10}$$

V_{10} = R$ 17,55 milhões (valor futuro das contribuições acumuladas) (12.6)

A última coluna do Quadro 12.4 foi construída aplicando-se a fórmula 12.2. Ela mostra que o valor futuro da primeira parcela depositada no fundo (R$ 2,77 milhões) é o maior de todos, simplesmente porque esta parcela permanece mais tempo gerando rendimentos (n = 9 anos para a primeira parcela; n = 8 anos para a segunda parcela, e assim sucessivamente até n = 0 para a décima parcela).

A Figura 12.4 representa os valores do Quadro 12.4. É conveniente comparar, agora, a Figura 12.4 com a 12.3. A Figura 12.4 mostra os valores futuros de uma série uniforme de pagamentos; já a Figura 12.3 mostra os valores presentes da mesma série uniforme de pagamentos.

A Figura 12.4 pode ser interpretada como a representação gráfica do processo de formação de uma poupança, enquanto a Figura 12.3, como a representação gráfica do processo de amortização de uma dívida.

Quadro 12.4: Valor futuro de uma série de pagamentos (poupança)

ANO	VALOR PRESENTE	VALOR FUTURO
0	0,00	0,00
1	1,00	2,77
2	1,00	2,48
3	1,00	2,21
4	1,00	1,97
5	1,00	1,76
6	1,00	1,57
7	1,00	1,40
8	1,00	1,25
9	1,00	1,12
10	1,00	1,00
	SOMA (VP) =	17,55

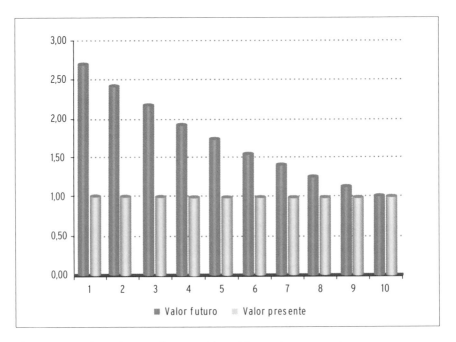

Figura 12.4: Valores futuros de uma série uniforme de pagamentos.

PERPETUIDADES

Fazendo-se, na fórmula 12.3, n igual a infinito, tem-se, no limite:

$$P = M \cdot r \qquad (12.7)$$

A fórmula 12.7 significa uma perpetuidade, que corresponde a uma situação em que um valor é emprestado; os rendimentos gerados pelo valor são pagos, mas o montante principal nunca é amortizado. Essa é a situação típica que ocorre nos casos de aluguéis de imóveis ou de equipamentos em geral. Nesses casos, o proprietário do bem obtém o rendimento da sua propriedade, transferindo o seu uso, mas não a sua posse, para terceiros. Essa também é uma situação comum na gestão de fundos de aposentadoria e pensão, quando a renda de um determinado montante é consumida, preservando-se, porém, o valor principal, o qual é utilizado para gerar uma renda permanente.

No caso do setor de saneamento, a perpetuidade pode ser aplicada no aluguel de equipamentos e dos demais ativos que compõem os sistemas, dependendo das condições estabelecidas nos contratos de concessão.

Do ponto de vista da gestão econômica e financeira, a aplicação do conceito da perpetuidade pode ser uma estratégia interessante para se evitar uma capitalização excessiva ou um processo de endividamento além da capacidade financeira da empresa operadora.

Referências

ABNT. *Sistemas de gestão ambiental – requisitos com orientações para uso.* NBR ISO 14.001: 2004. ABNT, 2004. Disponível em: http://www.abnt.org.br. Acessado em set. 2009.

_____. *Sistema de gestão da qualidade – requisitos.* NBR ISO 9001:2008. Versão Corrigida: 2009. ABNT, 2009. Disponível em: http://www.abnt.org.br. Acessado em dez. 2009.

ACKOFF, R. Beyond total quality management. *Journal for Quality and Participation,* p. 66-78, mar. 1993.

ALVES, D.; PEREDA, P. C.; GRIMALDI, D. S.; FRAGA, A. Concorrência no fornecimento de água em São Paulo: evidências e impactos na elasticidade da demanda dos grandes clientes da Sabesp. In: XXXVII ENCONTRO NACIONAL DE ECONOMIA, 37., 2009, Foz do Iguaçu. Anais... Foz do Iguaçu, 2009.

ARGYRIS, C.; SCHON, D. *Organizational learning: a theory in action perspective.* Reading, Mass: Addison Wesley, 1978.

BRASIL. Congresso. Senado. Lei Federal n. 9.433. *Política nacional de recursos hídricos.* Brasília, 1997. Disponível em http://www.senado.gov.br/sf. Acessado em out. 2009.

_____. Congresso. Senado. Lei Federal n. 11.107. *Contratação de consócios públicos.* Brasília, 2006. Disponível em: http://www.senado.gov.br/sf. Acessado em out. 2009.

_____. Congresso. Senado. Lei Federal n. 11.445. *Diretrizes nacionais sobre o saneamento básico.* Brasília, 2007. Disponível em: http://www.senado.gov.br/sf . Acessado em out. 2009.

_____. Ministério das Cidades. Secretaria Nacional de Saneamento Ambiental. *Exame da participação do setor privado na provisão dos serviços de abastecimento de água e de esgotamento sanitário.* São Paulo, 2008. Disponível em: http://www.cidades.gov.br/capacitacao-1/arquivos-e-imagens-oculto/PSP_Relatorio_Final_Port.pdf. Acessado em dez. 2008.

CHENERY, H. B. Overcapacity and the acceleration principle. *Econometrica*, v. 20, n. 1, 1952, p.1-28.

DAVENPORT, T.; PRUSAK, L. *Working knowledge: how organizations manage what they know*. Boston, MA: Harvard Business School, 1998.

HARO DOS ANJOS Jr., A. Cadeia de formação de custos nos sistemas de abastecimento de água: modelação e estimação de valores. In: CONGRESSO BRASILEIRO DE ENGENHARIA SANITÁRIA E AMBIENTAL, 24., 2007, Belo Horizonte. *Anais*... Belo Horizonte, 2007.

_____. Cadeia de formação de custos nos sistemas de esgotamento sanitário: modelação e estimação de valores para fins gerenciais. In: CONGRESSO BRASILEIRO DE ENGENHARIA SANITÁRIA E AMBIENTAL, 25., 2009, Recife. *Anais*... Recife, 2009a.

_____. Desigualdade no consumo de água versus desigualdade na distribuição de renda: uma abordagem metodológica. In: CONGRESSO BRASILEIRO DE ENGENHARIA SANITÁRIA E AMBIENTAL, 25., 2009, Recife. *Anais*... Recife, 2009b.

_____. Desigualdade na utilização dos serviços de esgotos sanitários versus desigualdade na distribuição de renda: uma abordagem metodológica. In: CONGRESSO BRASILEIRO DE ENGENHARIA SANITÁRIA E AMBIENTAL, 25., 2009, Recife. *Anais*... Recife, 2009c.

_____. Modelo de gestão de tarifas horárias e sazonais no Saneamento e a experiência da Sanepar. In: XXXVII ENCONTRO NACIONAL DE ECONOMIA, 37., 2009, Foz do Iguaçu. *Anais*... Foz do Iguaçu, 2009d.

HARO DOS ANJOS Jr., A.; ROGINSKI SANTOS, E. C. R. Aplicação de tarifas sazonais e horossazonais no Paraná. In: CONGRESSO BRASILEIRO DE ENGENHARIA SANITÁRIA E AMBIENTAL, 19., 1997, Foz do Iguaçu. *Anais*... Foz do Iguaçu, 1997.

IBGE. *PNAD: Pesquisa Nacional por amostra de Domicílios 2004-2006*. IBGE, 2006.

ISO 24.510: 2007. *Activities relating to drinking water and wastewater services*. ISO, 2007. Disponível em: http://www.iso.org. Acessado em ago. 2009.

ISO 24.511: 2007a. *Guidelines for the management of wastewater utilities*. ISO, 2007. Disponível em: http://www.iso.org. Acessado em ago. 2009.

ISO 24.512: 2007b. *Guidelines for the management of drinking water utilities*. ISO, 2007. Disponível em: http://www.iso.org. Acessado em ago. 2009.

KAPLAN, R. S.; ANDERSON, S. R. *Time-driven activity-based costing: a simpler and more powerful path to higher profits*. Boston: Harvard Business School Press, 2007.

KAPLAN, R. S.; NORTON D. P. The balanced scorecard – measures that drive performance. *Harvard Business Review*. v. 7, n. 1, jan.-fev. 1992, p. 71-79.

_____. Using the balanced scorecard as a strategic management system. *Harvard Business Review*. v. 74, n. 1, jan.-fev. 1996, p. 75-85.

KAPLAN, R. S.; COOPER, R. *Cost & Effect: using integrated cost systems to drive profitability and performance*. Boston: Harvard Business School Press, 1997.

LEONE, G. S. G.; LEONE, R. J. G. *Dicionário de custos*. São Paulo: Atlas, 2004.

MENON MOITA, C.; HARO DOS ANJOS Jr., A.; BITU, R. S. *Tarifação eficiente para o setor de saneamento*. Brasília: IPEA; PMSS; Projeto BRA 92/028, 1996.

MINTZBERG, H. *The rise and fall of strategic planning*. New York: The Free Press, 1994.

NIELSEN, M. J.; TREVISAN, J.; BONATO, A.; SACHET, M. A. C. V. *Medição de água: estratégias e experimentações*. Curitiba: Optagraf, 2003.

NONAKA, I.; TAKEUCHI, H. *Criação de conhecimento na empresa*. 6. ed. Rio de Janeiro: Campus, 1997.

PEDLER, M.; BURGOYNE, J.; BOYDELL, T. *The learning company*. 2. ed. Maidenhead, UK: McGraw-Hill, 1996.

PMSS. *SNIS – Sistema Nacional de Informações sobre Saneamento: diagnóstico dos serviços de água e esgotos – 2007*. Brasília: Ministério das Cidades; Secretaria Nacional de Saneamento, 2009. Disponível em: http://www.snis.gov.br. Acessado em dez. 2009.

REA, P.; KERZNER, H. *Strategic planning*. New York: John Wiley & Sons, 1997.

SANEPAR. *Banco de dados comerciais: relatórios gerenciais*, Curitiba, jul. 2008.

THE ENGINEERING ECONOMIST. *Quarterly journal of American Society of ASEE – Engineering Education & Institute of Industrial Engineers*. Philadelphia: Taylor & Francis, 1955. Disponível em: http://www.tandf.co.uk/journals/titles/0013791x.asp. Acessado em set. 2009.

UNDP. *World Income Inequality Database (WIID)*, jul. 2008. Disponível em: http://www.wider.unu.edu/ research/ Database/en_GB/database. Acessado em dez. 2008.

WILLE, S. A. C.; HARO DOS ANJOS Jr., A. Gestão do conhecimento em projetos de desenvolvimento tecnológico. In: VALLADARES, Angelise (Org.). *Tecnologias de gestão em sistemas produtivos*. Petrópolis: Vozes, 2003.

Índice Remissivo

A

ABNT 50
Amortização 177
Amortização *price* 173
Amortização SAC 176
Análise de viabilidade econômica 7
Análise de viabilidade financeira 7
Análises de viabilidade de projetos 16
Aportes de capital 28
Aprendizado organizacional 150
Assimetria de informações 158
Atualização dos valores 19
Autoridade reguladora 157

B

Balanced Scorecard (BSC) 150

Benefício 3
Benefício econômico 5
Benefício financeiro 5
Bens ou serviços 3

C

Cadastro social 101, 124
Cadeias de formação de custos 61, 66
Capacidade instalada 35, 77
Capital 3
Cenários alternativos 20
Chenery 81
CIMLP 95
Clientes 41, 99, 101
Conhecimento 131
Consumidores industriais 51
Contratos de demanda 101
Corporativismo 158
Curva de Lorenz 126, 127

Curvas de demanda 38
Curva de oferta 102
Custeio 9, 10
Custo 4
Custo de oportunidade do capital 20, 82
Custo econômico 5
Custo financeiro 5
Custo incremental médio de longo prazo 73
Custo marginal 44
Custo nodal agregado 67
Custo real 9
Custos ambientais 72
Custos contábeis 8
Custos de capacidade ociosa 63
Custos de deficiência e de ineficiência 64
Custos de ineficiência técnica 65
Custos de perdas 65
Custos fixos, variáveis,

médios e marginais 61
Custos nodais agregados 67, 69
Custos típicos do setor 61

D

Decisão gerencial 14
Demanda de ponta 36
Demanda inelástica 43
Demanda máxima horária 36
Demanda média diária 35
Demanda sazonal 36
Dinheiro 3

E

Economias de escala 79
Efeitos intangíveis 20
Eficiência e modicidade 90
Efluentes não domésticos 102
Elasticidade-preço 41
Estratégias de gestão tarifária 96
Estrutura dos custos gerenciais 59
Estrutura tarifária horos-sazonal 106
Estruturas tarifárias 102
Excedente do consumidor 17, 40
Exercício responsável 5
Externalidades 18, 72

F

Fator de economia de escala 79
Fatores de produção 3
Fora da ponta 108

G

Gestão ambiental dos serviços de saneamento 137
Gestão da demanda 33
Gestão da demanda de clientes governamentais 55
Gestão da demanda de clientes sociais 54
Gestão da demanda de curto prazo 45
Gestão da demanda de grandes condomínios 52
Gestão da demanda de longo prazo 50
Gestão da demanda do cliente residencial padrão 54
Gestão da energia 49
Gestão da política tarifária 89
Gestão das redes de distribuição de água 48
Gestão de custos 59-60
Gestão de fluxo de caixa 24
Gestão de investimentos 77
Gestão de mananciais de emergência 48
Gestão do conhecimento 131-2
Gestão do parque de hidrômetros 49
Gestão dos recursos humanos 131
Gestão econômica 13
Gestão e regulação dos serviços 155
Gestão financeira 13, 25
Gestão pública ou privada no saneamento 162
Gestão social dos serviços de saneamento 121

I

Inadimplência 102
Índice Gini 127
Índices de elasticidade 101
Indústrias 8
Inelasticidade 44
Informação 131
ISO 14.001 138, 139

M

Marketing 25, 96, 99
Matemática financeira 169
Medidas de viabilidade de projetos 20, 21
Melhorias urbanísticas 124
Mercado financeiro 28
Missão 149
Monopólio natural 44, 91, 155

O

Otimização da capacidade instalada 81

P

Padrões de consumo 99

Padrões de renda 100
Perdas aparentes 68
Perfil de demanda 51
Período de ponta 109
Período fora de ponta 109
Período ótimo de projeto 83
Perpetuidades 179
Planejamento estratégico 146
Política de medição de 100% dos consumos 101
Política tarifária 102
Políticas de gestão 144
Políticas de gestão e planejamento estratégico 143
Poupança 177, 178
Preço 4
Preços constantes 19
Preços-sombra 17
Projeto 4

Q

Qualidade 1, 2, 4, 34

R

Recursos econômicos 3
Recursos financeiros 4
Recursos não onerosos 29
Recursos próprios 26
Recursos reais 3
Relação benefício/custo 21
Relação benefício/investimento líquido 21
Relacionamento com clientes 101

S

Segmentação de clientes 99
Segmentação de produtos e serviços 96
Sistemas de gestão ambiental (SGA) 138
Subsídio cruzado 104, 124
Subsídios governamentais 8
SWOT Analysis 146, 147

T

Tabela Price 175
Tarifação com estrutura binária 98
Tarifação em blocos crescentes 97
Tarifação pelo custo incremental médio de longo prazo 95
Tarifação pelo custo marginal 93
Tarifação pelo custo médio 92
Tarifas 26, 91
Tarifas horárias e sazonais 108
Taxa de rendimento 170
Taxa interna de retorno 21
Taxas 26
Técnica de custeio 9
Terra 3
Trabalho 3

U

Universalização do acesso 90, 101
Utilidade 3, 40
Utilidades marginais decrescentes 39

V

Valor 1, 34
Valores incrementais 17
Valor futuro 172, 177
Valor oculto do reservatório do cliente 53
Valor presente 172
Valor presente líquido 21
Variações sazonais da oferta 116
Viabilidade 4
Visão 149

A tiragem desta publicação tem suas emissões de gases de efeito estufa neutralizadas! A Editora Manole, por meio de parceria com a Iniciativa Verde, neutralizou a emissão de dióxido de carbono (CO_2) resultante da produção, impressão e distribuição deste livro. A alta concentração deste gás é uma das principais causas da intensificação do efeito estufa, diretamente relacionado ao aquecimento global.

O projeto técnico de neutralização de gases-estufa envolve o inventário de suas emissões no ciclo de vida da produção e distribuição da primeira tiragem desta obra e o plantio e a manutenção de árvores nativas correspondentes à sua compensação – e pode ser encontrado na íntegra em www.iniciativaverde.com.br.

A Editora Manole utilizou papéis provenientes de fontes controladas e com certificado FSC®(Forest Stewardship Council®) para a impressão deste livro. Essa prática faz parte das políticas de responsabilidade socioambiental da empresa.

A Certificação FSC garante que uma matéria-prima florestal provenha de um manejo considerado social, ambiental e economicamente adequado, além de outras fontes controladas. Este livro foi impresso na RR Donnelley, certificada na cadeia de custódia FSC.